ÉLÉMENTS

DE

DESSIN LINÉAIRE.

NANCY, IMPRIMERIE DE THOMAS.

ÉLÉMENTS

DE

DESSIN LINÉAIRE,

A L'USAGE DES ÉCOLES PRIMAIRES DES DEUX SEXES,

Accompagnés

DE NOTIONS DE GÉOMÉTRIE,

Et suivis

D'APPLICATIONS A L'ORNEMENT, A LA BRODERIE, AU DESSIN DES MEUBLES ET DES MACHINES,

Par M. C.-L. HANRIOT,

LICENCIÉ ÈS-SCIENCES, INSPECTEUR DE L'ACADÉMIE DE NANCY, OFFICIER DE L'UNIVERSITÉ, MEMBRE DU COMITÉ D'INSTRUCTION PRIMAIRE DE NANCY ET DES COMMISSIONS D'EXAMEN POUR LA DÉLIVRANCE DES BREVETS DE CAPACITÉ AUX INSTITUTEURS ET AUX INSTITUTRICES DU DÉPARTEMENT DE LA MEURTHE.

PARIS,

CHEZ LES PRINCIPAUX LIBRAIRES.

NANCY,

CHEZ THOMAS, IMPRIMEUR- LIBRAIRE, ÉDITEUR,
Rue Saint-Dizier, 96.

1837.

PRÉFACE.

L'ordonnance du 23 juin 1836, sur l'organisation des écoles de filles, a mis le *dessin linéaire* au rang des connaissances exigées pour obtenir le brevet de capacité soit élémentaire, soit supérieur. Quelques personnes blâmeront peut-être cette mesure ; elles trouveront que l'on exige trop des femmes et qu'on veut les faire sortir de leurs occupations naturelles. Le dessin linéaire, dira-t-on, ne peut être utile que pour *l'arpentage*, la *géométrie descriptive*, la *perspective*, etc., et les hommes seuls s'occupent de ces sciences ; il est donc ridicule de vouloir en charger les femmes..... Oui, sans doute, il serait ridicule de vouloir transformer les femmes en arpenteurs, en géomètres, etc. Mais ce n'est point là, bien certainement, l'intention de la loi, et il ne peut être question ici que des notions les plus élémentaires de cet art ; d'ailleurs le dessin linéaire peut trouver une infinité d'autres applications que l'arpentage, la géométrie descriptive et la perspective ; et pourquoi priverait-on les femmes de tous les avantages qui peuvent résulter pour elles de la connaissance de ce dessin ? il procurera aux unes des moyens d'existence et aux autres des jouissances et des plaisirs. En effet, une femme qui aura quelques notions de dessin linéaire ne sera-t-elle pas plus propre qu'une autre à faire des dessins réguliers et gracieux sur la faïence, la porcelaine, les toiles peintes, les papiers de tentures, etc. ; ne pourra-t-elle pas faire elle-même de jolis dessins de broderies dont on fait un si grand usage dans nos contrées ; n'aura-t-elle pas plus de facilité pour tracer le plan d'une robe, d'un corset, d'une pélerine, etc., ne sera-ce pas une véritable jouissance pour elle de comprendre le plan qui représente la construction d'un bâtiment, d'en prévoir les effets, d'en suivre l'exécution ; d'imaginer le dessin d'un joli meuble pour l'indiquer et l'expliquer à un ouvrier, etc.; de vérifier le calcul des travaux qu'on aura faits pour elle, de tracer le plan d'un jardin, d'en mesurer la surface, etc.? Eh bien, tout cela et une infinité d'autres choses lui deviendront faciles au moyen de quelques leçons de dessin linéaire.

Dans tous les cas, cette connaissance est exigée, et les institutrices qui sont déjà munies d'un brevet de capacité, comme celles qui se proposent de l'obtenir, devront très-incessamment se livrer à l'étude du dessin linéaire, car les unes et les autres seront dans le cas de l'enseigner, et il fera partie de l'examen des dernières. Mais quel ouvrage choisiront-elles ? Quel est celui qu'elles indiqueront à leurs élèves ? C'est là, sans doute, ce qui les embarrassera, car, quoiqu'il y ait un assez grand nombre de bons traités sur cette matière, nous n'en connaissons pas d'assez élémentaires pour cette destination, et qui correspondent à notre manière de voir ; ils sont tous trop complets, trop savants et surtout trop chers. Voilà ce qui nous a donné l'idée de rédiger celui-ci, nous le ferons le plus simple possible et ne renfermant que les choses les plus indispensables.

Si ce dessin est exigé des institutrices, si elles sont obligées de l'enseigner à leurs élèves, les instituteurs, bien certainement, ne peuvent l'ignorer, et il fera partie obligée de l'enseignement qu'ils doivent donner aux enfants qui fréquentent leurs écoles ; nous pensons donc que ce petit ouvrage peut aussi leur convenir, qu'ils pourront le mettre entre les mains de leurs élèves et en faire le texte de leurs leçons. Ils le développeront et le complèteront autant qu'il leur sera possible, et que le permettra l'intelligence de leurs élèves.

Le DESSIN LINÉAIRE est en général l'art de représenter par de simples traits les objets qui ont rapport à l'industrie et aux arts, comme des rosaces pour meubles, pour papiers de tentures, des dessins de décors, d'ornements, de machines, etc. ; les tracés relatifs à toute espèce de construction, telles que serrurerie, menuiserie, charpente, marbrerie, etc.

Ces dessins supposent que l'on a la connaissance de quelques notions de Géométrie, que l'on sait au moins les définitions exactes des principales figures, et nous croyons que dans tous les cas il est assez convenable que les élèves, quels qu'ils soient, n'ignorent pas ce que c'est qu'une perpendiculaire, un angle, un polygone, un prisme, un parallélipipède, un cylindre, un cône, etc. Nous commencerons donc par ces notions que nous simplifierons le plus possible, elles formeront la 1re partie de ce petit ouvrage.

Dans la 2e partie nous donnerons la description des instruments dont on a besoin pour étudier le Dessin linéaire et la manière de construire toutes les figures à vue; dans une 3e partie nous ferons connaître la construction plus rigoureuse de quelques-unes de ces figures, la mesure des surfaces et des solides que l'on rencontre le plus ordinairement.

ÉLÉMENTS

DE

DESSIN LINÉAIRE.

NOTIONS DE GÉOMÉTRIE.

1. *La Géométrie est une science qui a pour objet la mesure de l'étendue.*

L'étendue a trois dimensions, *longueur*, *largeur* et *hauteur*. Ainsi un bloc de pierre s'étend en longueur, en largeur et en hauteur; quelquefois on dit *épaisseur* ou *profondeur* au lieu de hauteur; ainsi on dira l'épaisseur d'un livre, d'une planche, etc.: la profondeur d'un fossé, d'un puits, etc.

Il est impossible de concevoir un *corps* sans la réunion de ces trois dimensions, car une feuille de papier, par exemple, qui a d'abord longueur et largeur a aussi une certaine épaisseur sans laquelle elle ne pourrait exister. Il en est de même d'un tableau, les couleurs dont il est recouvert ont sans doute une très-petite épaisseur, mais cette épaisseur existe ; un cheveu, un fil de soie ont non seulement une longueur, mais encore une largeur et une épaisseur ; car si on les roule très-près les uns des autres sur un objet quelconque, sur le doigt, par exemple, ils finiront par le couvrir, ce qui prouve leur largeur, et de plus cet objet aura acquis une plus grande épaisseur, ce qui fait connaître que le cheveu et le fil de soie ont de l'épaisseur.

Cependant en géométrie on peut faire abstraction * de l'épaisseur , et ce qui reste s'appelle *surface;* donc une surface n'a que deux dimensions , *longueur* et *largeur;* c'est la partie d'un corps qui frappe la vue. Ainsi quand on parle de la surface d'un plancher, d'une glace, d'un champ , etc., on désigne la partie visible du plancher, de la glace et du champ , sans avoir égard à l'épaisseur ou à la profondeur.

De même, en considérant une surface, l'esprit peut faire abstraction d'une de ses deux dimensions , la *largeur* , par exemple; il ne restera plus que la *longueur;* on a donné à cette dernière dimension le nom de *ligne;* ainsi une ligne est ce qui n'a qu'une dimension ; le bord ou l'arête d'une planche , d'une feuille de papier est une ligne. Une ligne que l'on trace avec une plume ou un crayon sur le papier, a sans doute une largeur et de l'épaisseur , mais la géométrie en fait abstraction*.

Enfin, les extrémités d'une ligne ou une ligne sans longueur est ce que l'on appelle *point;* ainsi le point n'a pas de dimension; c'est la plus forte abstraction que l'on puisse faire..

DES LIGNES.

2. Il y a des *lignes droites,* des *lignes courbes* et des *lignes brisées.*

On définit la ligne droite en disant que c'est le plus court chemin d'un point à un autre; c'est-à-dire que si la ligne AB (*fig.* 1ʳᵉ) est la plus courte de toutes celles que l'on peut tirer entre les deux points A et B, la ligne AB sera une ligne droite.

Une ligne droite est très-exactement représentée par un

* Faire *abstraction* d'une chose , c'est supposer qu'elle n'existe pas , ou se dispenser d'y avoir égard.

fil bien tendu, quelle que soit d'ailleurs la position de ce fil ; les lignes des figures 1, 2, 10, 11, etc., sont des lignes droites. (On trouve dans les ouvrages en bois, en marbre, en fer, etc., une infinité de lignes droites, qu'il faudra faire remarquer aux élèves.)

Un fil lâche ou mal tendu EFG (*fig.* 3) représente une ligne courbe.

Il y a une infinité de lignes courbes différentes dont on fait usage dans les décors et les dessins pour étoffes et papiers de tentures, etc. La circonférence d'un cercle, le contour d'un ovale sont les lignes courbes les plus employées.

DES ANGLES.

3. Lorsque deux lignes AB, AD se rencontrent en un point A (*fig.* 4), *l'écartement* plus ou moins grand qui se trouve entre elles s'appelle ANGLE. Le point A est le *sommet* de l'angle ; AB, AD en sont les *côtés*. La grandeur d'un angle ne dépend pas de la longueur de ses côtés, ainsi l'angle BAD n'est pas plus grand que l'angle *m*A*n*, et il est aussi grand que l'angle CAE ; parce que l'écartement ou l'ouverture est toujours la même.

Un compas ou des ciseaux que l'on ouvre graduellement forment des angles.

4. On énonce un angle par la lettre de son sommet, mais quand plusieurs angles ont le même sommet, il faut employer trois lettres, avec l'attention de mettre toujours celle du sommet au milieu, ainsi l'on dira : l'angle A (*fig.* 4), ou l'angle BAD, ou l'angle DAB, et non ABD, ni DBA.

On distingue trois espèces d'angles, *l'angle droit*, *l'angle aigu* et *l'angle obtus*.

5. Quand une ligne droite DC en rencontre une autre

AB (*fig.* 5), de manière à faire avec elle deux angles DCB, DCA égaux entre eux , ces angles s'appellent droits , et , dans ce cas, la ligne DC est dite *perpendiculaire* sur la ligne AB. Ainsi une ligne perpendiculaire est celle qui fait avec une autre ligne droite deux angles égaux. Et réciproquement si une ligne est perpendiculaire sur une autre , elle fait avec elle deux angles adjacents égaux. Il résulte de là que si les lignes AB, DF (*fig.* 6) sont perpendiculaires entre elles , les quatre angles formés autour du point C seront égaux et droits *.

L'angle aigu est un angle plus petit qu'un angle droit ; ainsi BAD (*fig.* 4) est un angle aigu.

L'angle obtus est un angle plus grand qu'un angle droit ; ainsi FGH (*fig.* 7) est un angle obtus.

6. Quand une ligne droite AB (*fig.* 8) en rencontre une autre CD *obliquement,* elle fait avec elle deux angles adjacents, dont l'un ABC est aigu et l'autre ABD est obtus ; la somme de ces deux angles vaut deux angles droits et la ligne AB, qui n'est plus une perpendiculaire, s'appelle *oblique.* D'où l'on voit que par un point donné on ne peut mener qu'une perpendiculaire à une ligne , tandis qu'on peut lui mener une infinité d'obliques.

7. Si les angles ABC, ABD (*fig.* 8) étaient divisés chacun en plusieurs parties , il est évident que la somme de toutes ces parties serait encore égale à deux angles droits. Donc 1° tous les angles formés autour d'un point, d'un même côté d'une ligne , valent deux angles droits. 2° Tous les angles

---

* Il faut montrer aux élèves quelques-uns des angles droits qui se trouvent dans leurs livres, leurs papiers , les tables, les boiseries, etc., et leur en faire trouver eux - mêmes un grand nombre d'autres ; il faudra faire de même pour les angles aigus et les angles obtus, ainsi que pour toutes les autres combinaisons de lignes dont nous allons parler ; c'est le meilleur moyen pour les leur faire comprendre.

formés autour d'un point C (*fig.* 9) valent quatre angles droits.

8. On appelle ligne *verticale*, celle que suit un corps en tombant; elle est représentée par la direction d'un fil à plomb CD (*fig.* 2).

9: Une ligne *horizontale* est celle qui est perpendiculaire à une verticale. AB (*fig.* 1ʳᵉ) est une ligne horizontale; car elle est tracée perpendiculairement sur CD. Exemple: dans une balance en équilibre, l'aiguille est verticale et le fléau est horizontal; dans un cadre suspendu, les deux bords latéraux sont des lignes verticales et ceux d'en haut et d'en bas sont des lignes horizontales; les jambages des croisées et des portes sont aussi des lignes verticales ou d'aplomb, etc. Enfin toutes les lignes *parallèles* à la surface d'une eau tranquille sont horizontales.

10. On appelle *lignes parallèles* celles qui, tracées sur le même plan, ne peuvent jamais se rencontrer à quelque distance qu'on les prolonge. Elles conservent toujours la même distance entre elles. Exemples : les lignes sur lesquelles on écrit la musique, les deux côtés d'une règle, les traces des roues d'une voiture, etc., etc., sont des lignes parallèles.

Les figures 10 et 11 montrent des lignes parallèles dans différentes positions.

DES FIGURES GÉOMÉTRIQUES OU POLYGONES.

11. En géométrie on appelle *figure* ou *polygone* un espace terminé de tous côtés par des lignes.

Ces lignes sont droites ou courbes, et par suite les figures sont *rectilignes* ou *curvilignes*.

DES TRIANGLES.

12. La plus simple de toutes les figures comprend au moins trois lignes ; elle s'appelle *triangle*.

On distingue plusieurs espèces de triangles d'après la nature de leurs côtés ou de leurs angles :

13. On appelle triangle *scalène* celui dont tous les côtés sont inégaux (*fig.* 12).

Isocèle, celui qui a deux côtés, AB, AC , égaux (*fig.* 13).

Équilatéral, celui dont les trois côtés sont égaux (*fig.* 14).

Rectangle, celui dans lequel il y a un angle droit A (*fig.* 15).

Dans le triangle rectangle, le côté BC opposé à l'angle droit s'appelle *hypoténuse* (*fig.* 15).

14. Dans un triangle (*fig.* 12) on prend un côté quelconque BC pour *base*, et alors le point A, opposé à ce côté, est le *sommet* du triangle, et la perpendiculaire AD abaissée du sommet sur la base est la *hauteur* du triangle.

15. Dans un triangle quelconque la somme des trois angles vaut deux angles droits.

DES QUADRILATÈRES.

16. Une figure ABCD (*fig.* 16) terminée par quatre lignes droites est un *quadrilatère*. On distingue plusieurs espèces de quadrilatères d'après la nature de leurs angles ou de leurs côtés.

Quand deux côtés seulement sont parallèles, c'est un *trapèze* (*fig.* 17).

Si les côtés opposés sont parallèles, c'est un *parallélogramme*. (Dans ce cas ces côtés opposés sont aussi égaux (*fig.* 18).

Si les côtés opposés sont parallèles et les quatre angles droits, c'est un *rectangle* (*fig*. 19).

Si les quatre côtés sont égaux, sans que les angles soient droits, c'est un *losange* (*fig*. 20).

Enfin, si les côtés sont égaux et les angles droits, c'est un *carré* (*fig*. 21).

17. Dans le trapèze (*fig*. 17), les deux côtés parallèles AD, BC sont les deux bases, et la perpendiculaire DF abaissée d'un point quelconque de la base supérieure sur la base inférieure en est la hauteur. De même, BF est la hauteur du parallélogramme ABCD (*fig*. 18) et DC la base. Dans le rectangle on prend pour base un côté quelconque, et pour hauteur le côté adjacent, ces deux côtés étant toujours perpendiculaires l'un sur l'autre.

18. Les lignes AC, BD (*fig*. 16) qui joignent les sommets de deux angles non adjacents dans une même figure, s'appellent *diagonales*. Les deux diagonales d'un parallélogramme, d'un rectangle, d'un losange et d'un carré (*fig*. 18, 19, 20 et 21) se coupent en deux parties égales, c'est-à-dire que l'on a AO = OC et BO = OD. Et de plus, dans un losange et dans le carré (*fig*. 20 et 21), ces mêmes diagonales se coupent en faisant des angles droits, c'est-à-dire qu'elles sont perpendiculaires l'une sur l'autre.

DES FIGURES QUI ONT PLUS DE QUATRE CÔTÉS.

19. Un polygone de cinq côtés s'appelle *pentagone* (*fig*. 22); celui de six côtés, *hexagone* (*fig*. 23); de sept côtés, *eptagone* (*fig*. 24); de huit côtés, *octogone* (*fig*. 25); de dix côtés, *décagone* (*fig*. 26), etc.

On dit aussi un polygone de 5, de 7, de 11, de 20, etc., côtés.

20. Quand les côtés et les angles d'un polygone sont égaux entre eux, on lui donne le nom de *polygone régulier*. ABCDEF (*fig.* 23) est un polygone régulier. Le triangle équilatéral (*fig.* 14) et le carré (*fig.* 21) sont déjà des polygones réguliers.

21. Pour connaître la somme de tous les angles intérieurs d'un polygone, il faut retrancher 2 au nombre de ses côtés et multiplier le reste par 2 angles droits. Exemple: pour l'hexagone (*fig.* 23), retranchant 2 de 6 reste 4, qui, multiplié par 2 angles droits, donne 8 angles droits pour la somme des angles. Pour l'octogone, on aurait $8 - 2 = 6$, et $6 \times 2^d = 12$ angles droits, etc., etc. Dans le cas du polygone régulier tous les angles sont égaux entre eux; ainsi pour avoir la valeur de l'un d'eux, il faudra diviser leur somme totale par leur nombre. Pour l'hexagone, on aura $8 : 6 = \frac{8}{6} = \frac{4}{3}$ d'angle droit. Pour l'octogone $12 : 8 = \frac{12}{8} = \frac{3}{2}$ d'angle droit, etc.

Nota. + est le signe de l'addition et veut dire *plus*.

—	»	la soustraction	» *moins.*
$\times$	»	la multiplication	» *multiplié par.*
: ou $\frac{}{}$	»	de la division	» *divisé par.*
$=$	»	l'égalité	» *égale.*

DU CERCLE ET DES LIGNES QUI Y ONT RAPPORT.

22. La *circonférence* est une ligne courbe dont tous les points sont à égale distance d'un point intérieur que l'on appelle *centre*. ABCDE (*fig.* 27) est une circonférence dont O est le centre.

L'espace renfermé dans la circonférence est le *cercle*. Dans l'usage ordinaire le mot *cercle* désigne aussi la circonférence.

23. Un *rayon* est une ligne qui va du centre à la circon-

férence: d'après la définition de la circonférence, tous les rayons sont égaux. OA, OB, OC sont des rayons.

24. Un *diamètre* est une ligne AC qui passe par le centre O et se termine à la circonférence; un diamètre vaut deux rayons; c'est la plus grande ligne qu'on puisse mener dans le cercle, il le partage en deux parties égales. Deux diamètres perpendiculaires AB, CD (*fig.* 29) le partagent en quatre parties égales AOC, COB, BOD, DOA. Chacune de ces parties est un *secteur*.

25. Une portion quelconque de la circonférence s'appelle *arc*; AB, BC, ED (*fig.* 27) sont des arcs.

La ligne qui joint les deux extrémités d'un arc prend le nom de *corde*. ED est une corde.

26. On appelle *segment* la portion du cercle EmD comprise entre un arc et sa corde.

27. On appelle *sécante*, une ligne AB (fig. 28) qui rencontre une circonférence en deux points *m*, *n*, et *tangente* celle qui ne la rencontre qu'en un point C, comme AD.

Le point C s'appelle *le point de contact*. Le rayon OC mené à ce point est perpendiculaire sur la tangente, et réciproquement la perpendiculaire élevée sur la tangente AD au point C, passe par le centre O.

28. Une ligne droite ne peut rencontrer la circonférence en plus de deux points.

29. Si tous les côtés d'une figure sont tangents à un cercle comme ABCDE (*fig.* 30), cette figure est dite *circonscrite* au cercle, et le cercle est *inscrit* dans le polygone. Si au contraire tous les côtés d'un polygone sont des cordes d'un même cercle, de manière que tous les sommets ABCDE (*fig.* 31) soient placés sur la circonférence, le polygone sera *inscrit* au cercle et le cercle lui sera *circonscrit*. Nous verrons plus loin

des méthodes pour inscrire et circonscrire des polygones réguliers à un cercle donné.

30. L'*ellipse*, que l'on appelle aussi *ovale*, est une espèce de cercle à deux centres ; c'est une figure gracieuse et nous en donnerons la construction plus loin.

ACBD est une ellipse; AB est son grand axe, CD son petit axe, O le centre, F et F' les foyers.

MESURE DES ANGLES.

31. On peut souvent avoir besoin de connaître la valeur de certains angles ou d'en comparer plusieurs entre eux, ce qui exige que l'on sache les mesurer ; or, on a trouvé commode de prendre les arcs pour mesure des angles. Pour cela on a divisé toute circonférence, grande ou petite, en 360 parties égales qu'on appelle *degrés*. Ensuite on place le sommet de l'angle dont on cherche la mesure au centre de la circonférence, et les côtés prolongés, s'il est nécessaire, interceptent un arc qui contient un certain nombre de degrés. C'est cet arc, ou ce nombre de degrés, qui représente la valeur de l'angle.

32. On voit par la fig. 29, que quatre angles droits AOC, COB, BOD, DOA, comprennent toute la circonférence, c'est-à-dire qu'ils ont pour mesure 360 degrés, par conséquent un seul angle droit AOC, a pour mesure le quart AC de la circonférence qu'on appelle *cadran* ou 90° ; et un demi-angle droit AOF = 45°, etc.

33. On démontre que si l'angle ABC, (*fig.* 31) dont on cherche la mesure, avait son sommet placé sur la circonférence, au lieu de l'avoir au centre, il n'aurait plus pour mesure que la moitié de l'arc compris entre ses côtés AmC. Si ses côtés aboutissent à l'extrémité d'un diamètre AC (*fig.* 32), c'est-à-dire, s'il est *inscrit* dans une demi-circonférence, il aura pour mesure la moitié de l'autre demi-circonférence AmC ou ¼ de circonférence, ce sera donc un angle

droit ; ainsi tous les angles inscrits dans une demi-circonférence sont des angles droits.

34. On voit d'après cela que les angles inscrits dans des segments plus grands qu'une demi-circonférence seront des angles aigus, et que ceux qui seront inscrits dans des segments plus petits, seront des angles obtus.

DES FIGURES SOLIDES.

35. Quand un Solide est composé de plusieurs faces *planes* égales ou différentes les unes des autres, il prend le nom de *polyèdre*. Un bloc de pierre ou de bois, un diamant taillé etc., sont des *polyèdres*.

36. Pour former un solide il faut au moins quatre plans ASB, BSC, ASC, ABC, (*fig.* 33) et ce solide s'appelle *pyramide triangulaire*. On prend une de ces quatre faces ABC par exemple, pour la *base* de la pyramide, et alors le point S opposé à cette face en est le *sommet*.

37. Si les faces latérales étant toujours des triangles qui se réunissent encore à un même point, la base devient un quadrilatère, un pentagone, un hexagone et en général un polygone quelconque, la pyramide prendra le nom de *pyramide quadrangulaire*, *pentagonale*, *hexagonale* et enfin *polygonale*. Dans tous les cas, la hauteur de la pyramide est la perpendiculaire SO (*fig.* 34) abaissée du sommet sur la base. SABCD est une pyramide quadrangulaire qui a pour base le quadrilatère ABCD, pour sommet le point S, et pour hauteur SO.

38. La figure ABCDEFGHIK (*fig.* 35) dont toutes les faces latérales sont des parallélogrammes terminés à deux polygones égaux et parallèles est un *prisme*. Les polygones sont les deux bases du prisme et la perpendiculaire SO abaissée d'un point de l'une sur l'autre en est la hauteur. Les

lignes FA, GB, HC etc. sont les arêtes du prisme. Lorsque ces arêtes sont *toutes* perpendiculaires sur les bases, (*fig.* 36) on dit que le prisme est droit, dans le cas contraire il est oblique, (*fig.* 35).

Un prisme prend aussi le nom de prisme triangulaire, (*fig.* 37) quadrangulaire, pentagonal, etc., selon que ses bases sont des triangles, des quadrilatères, etc.

39. Le prisme qui a pour base des parallélogrammes ABCD, EFGH (*fig.* 38) est un *parallélipipède*. Le parallélipipède est *rectangle* quand toutes ses faces sont des rectangles. (1)

40. Enfin si toutes ses faces sont des carrés égaux, il prend le nom de *cube*. C'est le cube dont chaque côté est égal à l'unité que l'on prend pour servir de mesure aux autres solides. ABCDEFGH (*fig.* 39) est un cube. On voit qu'il a la forme d'un dé à jouer.

41. On appelle *polyèdre régulier* celui dont toutes les faces sont des polygones réguliers égaux, et dont tous les angles solides sont égaux entre eux. On ne peut former que cinq polyèdres réguliers.

1° Le *Tétraèdre* formé de 4 triangles équilatéraux (*fig.* 33).

2° L'*Hexaèdre* ou cube formé de 6 carrés égaux (*fig.* 39).

3° L'*Octaèdre* formé de 8 triangles équilatéraux égaux (*fig.* 40).

4° Le *Dodécaèdre* formé de 12 pentagones réguliers égaux (*fig.* 41).

5° L'*Icosaèdre* formé de 20 triangles équilatéraux égaux (*fig.* 42).

DES TROIS CORPS RONDS.

42. Les trois corps ronds sont le *cylindre*, le *cône* et la *sphère*.

---

(1) Un livre, une boîte, une chambre sont des parallélipipèdes rectangles.

43. Le cylindre est un corps produit par la révolution d'un rectangle autour d'un de ses côtés comme axe. En faisant tourner le rectangle ABCD (*fig* 43) autour du côté AB, les côtés BC, DA décriront les cercles DFn, CmG qui seront les bases du cylindre DCGF, et AB en sera l'axe.

Une plume, un crayon, le tronc d'un arbre, un étui, les tuyaux d'un poêle sont des cylindres.

44. Le cône est un corps produit par la révolution d'un triangle rectangle autour d'un de ses côtés AB comme axe.

En faisant tourner le triangle ABC (*fig.* 44) autour du côté AB, il engendrera le cône ADmC, dans ce mouvement le côté BC décrira le cercle DmC qui sera la base du cône; AB en est l'axe.

Un pain de sucre, un éteignoir, quelques clochers ont la forme d'un cône.

45. Le cylindre et le cône sont *droits* quand leurs axes sont perpendiculaires sur les plans des bases, alors ces axes sont les hauteurs du cône et du cylindre, lorsque ces axes sont obliques sur les bases, on dit que le cylindre et le cône sont *obliques*.

46. En coupant un cylindre droit (*fig.* 43) et un cône droit (*fig.* 44) par des plans RS obliques aux axes, les sections RpS sont des *ellipses (ovales)*.

47. La *Sphère* est un solide décrit par la révolution d'un demi-cercle AFB (*fig.* 45) autour de son diamètre comme axe. Dans ce mouvement, tous les points de la demi-circonférence AFB décrivent des circonférences plus ou moins grandes; le point F décrit la circonférence FmG et l'ensemble de ces points a décrit la surface totale de la sphère; tous les rayons de la sphère sont égaux, ainsi que les diamètres.

48. On appelle *grands cercles* ceux qui ont le même centre que la sphère, et par conséquent le même diamètre qu'elle,

et *petits cercles* ceux qui ont un centre différent ; tel est le cercle *rps* qui a pour centre le point *o.*

49. On appelle *Zone* la partie de la surface comprise entre deux plans parallèles *rps*, FmG (*fig.* 45), qui en sont les bases ; et *segment-sphérique* la portion du solide comprise entre les mêmes plans.

50. Il résulte de la définition de la sphère qu'on peut faire passer une infinité de grands cercles par deux points, A, B (*fig.* 46), la portion de la surface de la Sphère comprise entre deux de ces grands cercles ACB, ADB, qui ont le même diamètre AB se nomme *fuseau.*

Ici se termine la première partie de ce petit ouvrage ; elle contient les définitions exactes des lignes et des figures géométriques dont la connaissance est indispensable aux personnes qui veulent s'occuper de dessin linéaire. Nous leur recommandons de les étudier avec le plus grand soin et d'en chercher des exemples et des applications dans tous les objets qui les entourent et qu'elles peuvent connaître: Quant aux autres personnes chargées de l'enseignement de ce dessin, elles liront d'abord ces définitions avec leurs élèves, en les expliquant avec beaucoup de détails, elles y ajouteront même tout ce qu'elles jugeront convenable pour en faciliter l'intelligence, elles multiplieront autant qu'il leur sera possible les questions et les exemples. C'est pour les aider dans cette occupation que nous avons rédigé une série de questions sur cet objet, nous engageons les maîtres et les maîtresses à renverser souvent ces questions pour faire voir la même chose sous différents points de vue ; ainsi, par exemple, au lieu de dire : qu'est-ce qu'un triangle ? on dira, comment appelle-t-on une figure composée de trois côtés et de trois angles ? etc. Mais nous ne pouvons trop les engager à obliger les élèves à trouver eux - mêmes des exemples de la figure dont on lui demande la définition, et enfin il ne faudra pas quitter cette première partie qu'elle ne soit parfaitement bien sue.

QUESTIONS A FAIRE

Sur la première partie du dessin linéaire.

51. Qu'est-ce que le dessin linéaire ?

Quels avantages peut-il procurer aux femmes ?

Quels sont les signes que l'on emploie dans le calcul pour indiquer l'addition, la soustraction, la multiplication, la division et l'égalité de deux quantités ?

Qu'est-ce que la géométrie ?

Combien les corps ont ils de dimensions ? nommez-les.

La troisième dimension ne prend-elle pas différents noms ? dites-les et donnez-en des exemples.

Qu'est-ce qu'une surface ?

Qu'est-ce qu'une ligne ?

Qu'est-ce qu'un point ?

Combien y a-t-il d'espèces de lignes ?

Qu'est-ce qu'une ligne droite ?

Qu'est-ce qu'une ligne courbe ?

Qu'est-ce qu'un angle ?

Qu'est-ce que c'est que le sommet et les côtés d'un angle ?

Comment énonce-t-on un angle ?

Combien y a-t-il d'espèces d'angles ?

Qu'est-ce qu'un angle droit, un angle aigu, un angle obtus ?

Qu'est-ce qu'une ligne perpendiculaire ?

Qu'est-ce qu'une ligne oblique ?

Quelle est la valeur de la somme de tous les angles formés autour d'un point, d'un même côté d'une ligne ?

Quelle est la valeur de la somme de tous les angles formés autour d'un point ?

Qu'est-ce qu'une ligne verticale?

Qu'est-ce qu'une ligne horizontale?

Qu'entend-on par *lignes parallèles* ?

Qu'est-ce que l'on appelle *figure géométrique* ou *polygone?*

Qu'est-ce qu'un *triangle* ?

Donnez la définition d'un triangle *scalène*, *isocèle*, *équi-latéral?*

Qu'est-ce qu'un *triangle rectangle* ?

Comment appelle-t-on le côté opposé à l'angle droit ?

Expliquez ce que l'on entend par *base*, *sommet* et *hauteur* d'un triangle?

Combien vaut la somme des trois angles d'un triangle?

Qu'est-ce qu'un *quadrilatère*?

Dans quels cas un quadrilatère devient-il un *trapèze*, un *parallélogramme*, un *rectangle*, un *losange*, un *carré* ?

Que prend-on pour base et pour hauteur d'un trapèze, d'un parallélogramme, d'un rectangle, etc ?

Qu'est-ce qu'une *diagonale* ?

Comment se coupent les diagonales dans un parallélo-gramme, un rectangle, un losange ou un carré?

Comment appelle-t-on un polygone de *cinq*, de *six*, de *sept*, de *huit*, de *dix* côtés?

Quel calcul faut-il faire pour déterminer la somme de tous les angles intérieurs d'un polygone? appliquez-le à l'octogone, aux polygones de 15 et de 20 côtés.

Définissez la *circonférence*, le *cercle*, un *rayon*, un *diamètre*, un *secteur*, un *segment*.

Quelle est la plus grande ligne que l'on peut mener dans le cercle?

Comment un diamètre partage-t-il le cercle?

Qu'appelle-t-on *arc*, *corde?*

Qu'est-ce qu'une *sécante?*

Qu'est-ce qu'une *tangente* ?

Qu'est-ce que le *point de contact ?*

En combien de points une ligne droite peut-elle rencontrer la circonférence?

Quel angle font ensemble la tangente à un cercle, et le rayon mené au point de contact ?

Dans quel cas dit-on qu'une figure est *inscrite* ou *circonscrite* au cercle ?

Quelle est la forme de la figure qu'on appelle *ellipse* ou *ovale*?

Qu'entend-on par *son grand axe, son petit axe*, et *ses foyers?*

MESURE DES ANGLES.

52. Que prend-on pour servir de mesure aux angles?

En combien de parties divise-t-on la circonférence ?

Comment appelle-t-on ces parties ?

Y a-t-il plus de *degrés* dans une grande circonférence que dans une petite?

Quelle est la mesure d'un angle qui a son sommet au centre de la circonférence?

Combien y a-t-il de degrés dans la mesure d'un angle droit, d'un demi-angle droit, etc ?

Si un angle avait son sommet placé sur la circonférence, quelle en serait la mesure ?

Quelle est la valeur d'un angle qui est *inscrit* dans une demi-circonférence ?

Quelle est la valeur d'un angle *inscrit* dans un segment plus grand qu'un demi-cercle?

Quelle est la valeur d'un angle *inscrit* dans un segment plus petit qu'un demi-cercle ?

SUR LES SOLIDES.

53. Qu'est-ce qu'un *polyèdre ?*

Qu'est-ce qu'une *pyramide triangulaire ?*

Que prend-on pour sa *base ,* son *sommet* et sa *hauteur ?*

Quels noms donne-t-on à une pyramide d'après la forme de sa base ?

Qu'est-ce qu'un *prisme ?*

Quels noms donne-t-on à un prisme d'après la forme de sa base ?

Quel est le prisme que l'on appelle *parallélipipède ?*

Dans quel cas un parallélipipède est il rectangle ?

Qu'est-ce qu'un *cube ?* à quelle figure ressemble un cube ?

Qu'appelle-t-on *polyèdre régulier ?*

Combien peut-on former de polyèdres réguliers ?

Quels sont les cinq polyèdres réguliers ?

SUR LES TROIS CORPS RONDS.

54. Quels sont les trois corps auxquels on donne le nom de *corps ronds ?*

Comment peut-on concevoir que sont engendrés le *cylindre ,* le *cône* et la *sphère ?*

Qu'appelle-t-on *axe* et *bases* du cylindre et du cône ?

Quels sont les corps qui peuvent donner une idée du cylindre et du cône ?

Dans quel cas le cylindre et le cône sont-ils *droits* ou *obliques ?*

Quelles figures obtient-on en coupant obliquement un cylindre ou un cône ?

Quelle différence existe-t-il entre les *grands* et les *petits cercles* dans la sphère ?

Quelle est la propriété du centre de la sphère?

Quelle est la définition d'une *zône*?

Qu'est-ce qu'un *segment* sphérique?

Combien peut-on faire passer de grands cercles par deux points quelconques pris sur la surface de la sphère?

Comment nomme-t-on la partie de la surface de la sphère comprise entre deux grands cercles?

DESSIN LINÉAIRE

A VUE.

SECONDE PARTIE.

---

55. Nous avons dit en commençant que le dessin linéaire est l'art de représenter par de simples traits les différents objets relatifs aux arts ; ainsi , tout ce qui précède n'est pas , à proprement parler, du dessin linéaire puisque l'on ne s'y est occupé que de la définition des figures et non de leur tracé ; mais il est évident que l'on ne pouvait se passer de cette connaissance , et que c'était la première à acquérir. Maintenant nous allons parler des procédés que l'on suit dans la construction des figures ; et d'abord il faut distinguer le *dessin linéaire à vue*, *du dessin linéaire graphique*. Le premier s'exécute à vue d'œil , sans autre instrument qu'un crayon ou une plume. Pour le second , qui exige une plus grande précision , on emploie en outre la *règle*, le *compas*, l'*équerre* , le *rapporteur* , etc. On concevra facilement que le dessin linéaire à vue est le plus important pour les dames , et presque le seul qui leur convienne : c'est donc de celui-là

que nous nous occuperons particulièrement. Cependant, comme nous écrivons aussi pour les instituteurs, et que les maîtres et les maîtresses doivent corriger les figures faites par les élèves, et leur faire voir le degré d'exactitude vers lequel ils doivent tendre, ce qui se fera en leur mettant constamment sous les yeux des figures correctes, nous allons indiquer, dès ce moment, la description des instruments dont on fait usage dans le dessin graphique, et la manière de s'en servir.

LA RÈGLE.

56. C'est avec la règle que l'on trace les lignes droites, et par conséquent c'est l'instrument dont on se sert le plus souvent, elle doit être faite d'un bois dur et bien poli, du *poirier* ou du *noyer*. Ses dimensions sont tout-à-fait arbitraires ; cependant on lui donne ordinairement 15 à 18 pouces de longueur, d'un à 2 pouces de largeur et de 2 à 3 lignes d'épaisseur ; ses arètes doivent être nettes et vives, mais l'une des quatre doit être enlevée et remplacée par *un chanfrein*, ce qui évite les taches dans les cas où l'on se sert de plume et d'encre. Pour tracer des lignes bien droites avec la règle, il suffit de faire glisser le crayon bien régulièrement le long d'une arète *ab* (*fig.*48), et toujours parallèlement à lui-même.

On doit, pour tracer ces lignes, et en général toutes les figures, employer des crayons, des plumes et de l'encre de bonne qualité : on doit préférer les plumes de corbeau et les bouts d'aîles aux autres plumes, et l'encre de la Chine à l'encre ordinaire.

LE COMPAS.

57. Après la règle c'est le *compas*, dont on fait le plus d'usage

dans le dessin linéaire, il sert à tracer des cercles, des arcs, à prendre des distances, etc. Il est formé de deux branches de cuivre AB, CD, terminées chacune par une pointe d'acier ; ces deux branches sont mobiles autour d'une charnière O, et peuvent à volonté s'éloigner ou se rapprocher l'une de l'autre. Dans certains compas, une des pointes peut s'enlever et être remplacée par un porte-crayon b, par une plume, ou par un tire-ligne a. Pour décrire un cercle avec cet instrument, on place une pointe au point désigné pour le centre, et tenant légèrement la charnière entre trois doigts seulement, on fait tourner l'autre pointe, munie du crayon ou de la plume, avec l'attention de la laisser toujours à la même distance de la première. Pour bien se servir du compas, il faut en avoir l'habitude : il sera donc bon que les élèves commencent à s'y exercer pendant quelque temps, en traçant avec lui différentes figures.

L'ÉQUERRE.

58. L'équerre est un triangle rectangle de bois IKP (*fig.* 48). dont les arètes doivent être bien nettes. Souvent ce triangle rectangle est aussi isocèle ; dans ce cas, chaque angle aigu vaut 45 degrés. L'équerre est très-commode pour tracer des parallèles sur le papier. Dans plusieurs circonstances, l'équerre remplace avantageusement la règle.

LE RAPPORTEUR.

59. Le rapporteur est un demi-cercle de cuivre ou de corne CDB (*fig.* 54), sur la circonférence duquel on a marqué les 180 degrés qui composent une demi-circonférence. Cet instrument sert à mesurer les angles tracés sur le papier et à en faire d'autres qui leur soient égaux.

Plusieurs autres objets peuvent encore être utiles dans l'étude du dessin linéaire, mais ceux que nous venons d'indiquer sont les plus indispensables, ceux qu'il faut se procurer d'abord ; on peut cependant y joindre dès ce moment un double décimètre de cuivre ou de buis, il sera nécessaire au maître pour vérifier si les lignes qu'il aura fait tracer à ses élèves ont bien la longueur qu'il aura indiquée d'avance.

DESSIN LINÉAIRE A VUE.

60. C'est seulement ici que commence réellement l'enseignement du dessin linéaire, il consiste en divers exercices qu'il faudra répéter souvent, et graduer selon la force des élèves. Le maître fera tracer toutes les figures qui ont été définies dans la première partie, non - seulement dans la position où elles sont représentées, mais encore dans toute autre qu'il pourra imaginer ; pour cela il les tracera d'abord, le plus correctement possible, avec de la craie sur le tableau noir, et les élèves les copieront ; lorsqu'ils auront fini, le maître examinera attentivement leur ouvrage et indiquera à chacun d'eux les incorrections qu'il remarquera, il y appliquera même la *règle*, le *compas*, ou le *rapporteur* pour leur donner une idée de la précision nécessaire dans ce dessin.

A chaque nouvel exercice, le maître s'assurera que les définitions n'ont pas été oubliées.

Les élèves qui commencent dessineront d'abord sur l'ardoise, avec un crayon aussi d'ardoise *, ce qui leur permettra d'effacer et de corriger, et sera d'ailleurs plus économique.

---

* Il existe des ardoises artificielles de carton que les enfants peuvent laisser tomber sans inconvénients.

EXERCICES SUR LES LIGNES.

61. 1ᵉʳ Exercice*. *Tracer des lignes droites horizon-tales, verticales, obliques.* Voy. n° 89 (*planche II, fig. 1, 2, 10 et 11*).

2° Ex. *Tracer une ligne droite entre deux points quel-conques donnés* (on variera beaucoup la position de ces deux points); (*Pl. II, fig.* 1, 2, 10 *et* 11).

3ᵉ Ex. *Tracer une ligne d'un décimètre* (1^{mt}, 1) *de lon-gueur* (*fig.* 47).

de 1 *centimètre* (0^{mt},01).
de 3 *centimètres* (0, 03).
de 7 *centimètres* (0, 07).
de 15 *centimètres* (0, 15).

Il est très-important que l'élève se familiarise avec ces mesures; le maître les vérifiera avec le double décimètre.

4ᵉ Ex. *Faites un angle droit.* Voy. n° 5 (*pl. II, fig.* 6).

Cette question est la même que celle-ci : *menez une ligne droite perpendiculaire sur une autre ligne.*

L'élève tracera d'abord une ligne AB, puis la ligne DF, de manière que les deux angles ACD, DCB soient égaux.

Pour la vérification, le maître placera le diamètre du rap-porteur sur la ligne AB, en faisant coïncider le centre avec le point C, et il examinera si alors le rayon qui correspond à 90° se confond avec la ligne CD. L'élève devra recom-mencer cet exercice jusqu'à ce qu'il s'en acquitte avec assez d'exactitude.

5ᵉ Ex. *Faites un angle aigu.* Voy. n° 5 (*pl. II, fig.* 8).
6ᵉ Ex. *Faites un angle obtus.* Voy. n° 5 (*pl. II, fig.* 7).

---

* Il est nécessaire, pour ce premier exercice, que le maître trace lui-même les lignes plusieurs fois devant l'élève, et lui montre à tenir le porte-crayon.

Ces deux questions ne présentent aucune difficuté, **car la** grandeur de ces angles n'est point fixe, elle varie de o° à go°, et de go° à 180°.

7° Ex. *Faites un angle de* 45°. Voy. n° 32.

L'angle de 45° étant la moitié d'un angle droit, l'élève fera d'abord un angle droit, et ensuite il le partagera en deux parties égales.

Le maître vérifiera comme dans le cas de l'angle droit, en faisant usage du rapporteur ; il fera ensuite tracer des angles de 3o°, de 20°, de 10° ; de 6o°, de 15°, etc.

8° Ex. *Tracez des lignes parallèles.* Voyez n° 10 (*pl. II, fig.* 10 *et* 11).

L'élève tracera un assez grand nombre de lignes parallèles dans tous les sens, et aux distances qui lui seront indiquées par le maître.

On vérifie ces lignes avec la règle et l'équerre de la manière suivante :

L'élève ayant tracé les parallèles CD,EF,GH (*fig.* 48), le maître placera l'équerre IPK suivant l'une d'elle GH, puis il appliquera la règle MN contre le côté IP de l'équerre, et faisant ensuite glisser l'équerre le long de l'arête *ab* de la règle, il verra si les autres parallèles coïncident avec l'hypothénuse IK de l'équerre, ce qui doit avoir lieu si les parallèles sont bien tracées.

Il est évident que ce moyen de vérifier devra aussi s'employer dans le dessin graphique pour tracer des parallèles rigoureusement.

9° Ex. *Faites un triangle isocèle.* Voy. n° 13 (*pl. III, fig.* 49).

Comme on peut faire une infinité de triangles isocèles sur la même base, le maître pourra varier cet exercice en donnant en outre la base et la hauteur en parties du mètre. Dans ce cas, l'élève tracera d'abord la base qui lui a été donnée AB ; au point **C**, milieu de cette base, il élèvera une perpendiculaire indéfinie **CO**, et sur cette perpendiculaire il prendra une partie **CD**, égale à la hauteur que doit avoir le triangle, puis il tirera les lignes **DA**, **DB**, et le triangle **ADB** sera le triangle demandé.

Le maître vérifiera les différentes parties de ce triangle avec le compas et le rapporteur, comme il a été dit aux questions précédentes.

10ᵉ Ex. *Faites un triangle équilatéral.* Voy. n° 13 (*pl. II, fig. 14*).

Dans ce triangle, les trois côtés doivent être égaux entre eux, ainsi que les trois angles ; c'est pourquoi la construction de cette figure présente quelques difficultés, mais avec un peu d'exercice, l'élève parviendra bientôt à la construire régulièrement.

On vérifiera les côtés avec le compas, et les angles avec le rapporteur. Il est à remarquer que l'égalité des côtés entraîne celle des angles et réciproquement. Chaque angle doit valoir le tiers de deux angles droits ou de 180°, c'est-à-dire, 60 degrés.

11° Ex. *Faites un triangle rectangle.* Voy. n° 13 (*pl. II, fig. 15*).

Après avoir fait un angle droit BAC, on joindra deux points quelconques par une droite BC, et le triangle sera fait.

Il n'y a ici que l'angle droit à vérifier, cependant on fera bien de s'assurer si la somme des deux angles aigus vaut un angle droit ou 90°.

12ᵉ Ex. *Construisez un triangle rectangle isocèle.* (*pl. III, fig.* 5o).

On fera encore un angle droit DBE, comme dans le cas précédent, puis sur les côtés de cet angle on prendra deux lignes égales AB, BC, et en joignant les points A et C on aura le triangle demandé.

On vérifiera chacun des angles avec le rapporteur ; les angles A et C valent chacun 45 degrés.

Le maître pourra encore varier de plusieurs autres manières les données de cette question.

13ᵉ Ex. *Faites un trapèze.* Voy. n° 16 (*pl. II, fig.* 17).

Il n'y a à vérifier ici que le parallélisme des deux côtés AD, BC, ce qui se fera comme à la question 8ᵉ.

14ᵉ Ex. *Faites un parallélogramme.* Voy. n° 16 (*pl. II, fig.* 18).

Il faudra vérifier si les côtés opposés sont parallèles, et même s'ils sont égaux.

15ᵉ Ex. *Faites un rectangle.* Voy. n° 16 (*fig.* 19).

16ᵉ Ex. *Faites un losange* (*fig.* 20).

17ᵉ Ex. *Faites un carré* (*fig.* 21).

On vérifiera si dans ces trois figures les côtés opposés sont égaux et parallèles, et si les angles sont droits dans le rectangle et le carré. Dans le losange et le carré les quatre côtés doivent de plus être égaux entre eux.

Pour construire le losange, l'élève tracera d'abord les deux diagonales AC, BD perpendiculaires l'une sur l'autre, et après avoir pris AO = OC, BO = OD, il joindra les deux points A et C aux deux points B et D. On peut faire de même pour le carré.

Le maître pourra aussi faire remarquer à l'élève que dans ces trois figures les diagonales se coupent en deux parties égales.

Ces trois questions sont susceptibles de plusieurs modifications, et elles pourront être remplacées par les suivantes :

Faites un rectangle, connaissant les deux côtés adjacents * (fig. 19).

Faites un rectangle, connaissant un côté et une diagonale.

Faites un losange, connaissant un des côtés et une diagonale (fig. 20).

Faites un losange, connaissant les deux diagonales.

Faites un carré, dont chaque côté ait un centimètre, ou 25 millimètres de longueur, etc. (fig. 21).

Faites un carré dont la diagonale ait 4 *centimètres de longueur.*

Pour résoudre cette dernière question, on fera, sur la diagonale donnée, deux triangles rectangles isocèles (voy. 12ᵉ Ex.), ou bien on élèvera sur le milieu de cette diagonale une ligne perpendiculaire qui lui soit égale, et de manière que l'on ait AO = OC et DO = OB (*fig.* 21), puis on joindra les extrémités de ces lignes, et l'on aura le carré demandé.

18° Ex. *Construire un pentagone régulier.* Voy. n° 19.

19° Ex. *Construire un hexagone régulier.*

20° Ex. *Construire un heptagone régulier.*

21° Ex. *Construire un octogone régulier.*

22ᵉ Ex. *Construire un décagone régulier.*

On peut construire directement toutes ces figures, c'est-à-dire, sans autre construction préliminaire, et on fera bien de s'y exercer; cependant on y parviendra bien plus facilement en faisant usage du cercle, comme nous allons l'indiquer.

Ex. 1° *Pour le carré.* Après avoir tiré deux diamètres perpendiculaires AC, BD (*fig.* 51), on en joindra les ex-

---

* Le maître donnera, eu centimètres et millimètres, les longueurs de toutes les lignes énoncées dans ces différentes questions.

trémités , et la figure ABCD sera un carré. Il est vrai que cette construction ne convient pas dans le cas où le carré doit être fait sur une ligne donnée ; et cette observation est applicable à toutes les autres figures, dont nous allons donner la construction en faisant usage du cercle.

Le carré étant construit, comme nous venons de le dire , on peut en déduire l'octogone régulier ; il suffit , pour cela, de diviser les arcs AB , BC , CD, DA en deux parties égales, de tirer les cordes AN , NB , BP , PC , etc. , et l'on aura l'octogone régulier ANBPCQDM.

2° *Pour l'hexagone régulier.* C'est une propriété très-remarquable que le côté AB (*fig.* 52) de ce polygone est précisément égal au rayon CO du cercle circonscrit ; ainsi on le construira en portant la longueur de ce rayon six fois sur la circonférence , et l'on trouvera que le sixième point se confond exactement avec le premier ou celui doù l'on est parti.

L'hexagone régulier donne lieu au polygone de douze côtés (*dodécagone*), en joignant les milieux des arcs par des cordes ; et au triangle équilatéral BDF , en joignant les sommets de deux en deux par les lignes BF , FD , BD.

3° *Pour le pentagone.* La construction de cette figure présente quelques difficultés, et ce n'est qu'après un assez grand nombre de tâtonnements que l'élève parviendra à la tracer un peu régulièrement ; nous indiquerons plus tard un procédé géométrique pour y parvenir sans peine.

Du pentagone on déduit le décagone, comme de l'hexagone on a déduit le dodécagone.

23ᵉ Ex. *Décrivez une circonférence.* Voy. n° 22 (*pl. II , fig.* 27).

C'est une chose fort difficile que de bien tracer une circonférence sans compas ; mais comme c'est un excellent exercice, il sera très-avantageux que les élèves s'y appliquent ; dans le commencement, on pourra, pour diminuer la difficulté, tirer deux lignes AB, AC (*fig.* 29), perpendiculaires l'une sur l'autre, et prendre sur chacune d'elles des parties égales AO, CO, BO, DO, et il ne restera plus qu'à faire passer la courbe par les quatre points A, C, B, D. On pourrait même prendre un plus grand nombre de points, mais toujours à égales distances du centre O.

Cette figure se vérifiera tout naturellement avec le compas.

Il faudra, plus tard, s'exercer à décrire des circonférences avec des rayons dont la longueur soit donnée en centimètres et en millimètres.

24ᵉ Ex. *Décrire plusieurs circonférences concentriques*, c'est-à-dire, plusieurs circonférences ayant le même centre et des rayons différents.

Le maître pourra déterminer les longueurs des différents rayons de ces circonférences, et vérifier ensuite le tout avec le compas et le double décimètre.

25ᵉ Ex. *Mener une tangente à un cercle* (*Voy.* nº 27, *fig.* 28).

Si le point de contact C est donné, l'élève tracera par ce point une ligne droite AD qui fasse un angle droit avec le rayon CO mené au point de contact.

Mais si l'élève ne connaît que le point A par lequel doit passer la tangente demandée, il tracera par ce point la ligne AD, de manière qu'elle ne rencontre la circonférence qu'en un seul point C.

Le maître s'assurera si la ligne AD est droite, si l'angle ACO est droit, et si la ligne CO vaut un rayon.

26ᵉ Ex. *Circonscrire un carré à un cercle donné.*

L'élève mènera d'abord deux diamètres perpendiculaires AB, CD (*fig.* 29), puis par les extrémités A, B du premier, il tracera deux parallèles au second, et par les extrémités C, D du second., deux autres parallèles au premier, l'ensemble de ces quatre parallèles formera le carré circonscrit demandé. Il faudra vérifier si les angles sont droits, et si les côtés sont égaux.

27° Ex. *Circonscrire un hexagone régulier à un cercle donné.*

On inscrira d'abord un hexagone régulier ABCDEF (*fig.* 52) comme il a été dit ci-dessus, puis par le milieu de chacun des arcs AB, BC, CD, etc, on mènera des parallèles aux côtés du polygone inscrit, et ces six parallèles tangentes formeront l'hexagone régulier demandé.

On suivra le même procédé pour tous les autres polygones que l'on voudra circonscrire au cercle; c'est-à-dire qu'il faudra, chaque fois, inscrire dans le cercle un polygone d'un même nombre de côtés que celui qu'on demande, et ensuite mener des parallèles aux côtés de ce polygone par le milieu des arcs sous-tendus par les mêmes côtés.

On s'assurera chaque fois si les angles et les côtés de ces nouveaux polygones sont égaux.

28° Ex. *Tracez une ellipse (ovale).* Voy. n° 30 (*fig* 32 bis).

Après avoir tracé les deux axes perpendiculaires AB, CD, qui se coupent dans leurs milieux, le premier représentant la longueur, et le second la largeur de l'ovale, on s'exercera à tracer les parties AC, CB, BD et DA de la courbe, en faisant attention qu'elles doivent être symétriques, se joindre naturellement sans faire ni rentrées ni saillies, et présenter à l'œil une courbure continue et gracieuse.

Le maître pourra vérifier l'exactitude de cette figure en traçant autant de parallèles qu'il voudra à l'un des deux axes, et s'assurant si toutes ces lignes sont coupées en deux parties égales par l'autre axe. Dans cette courbe, toutes les lignes

menées par le point O et terminées à son contour doivent
aussi être divisées en deux parties égales ; cette propriété
qui, d'ailleurs, appartient aussi au cercle , donne encore
un moyen de vérification.

DESSIN LINÉAIRE GRAPHIQUE.

62. Avec beaucoup d'exercice et d'habitude , on peut
acquérir dans le DESSIN LINÉAIRE A VUE une précision suffisante
pour la plupart des circonstances ; cependant il en est quelques-
unes qui exigent une exactitude plus grande et presque
rigoureuse , c'est ce qui peut avoir lieu pour certains dessins
de *broderies*, d'*ornements*, de *meubles* ou de *machines*
qui doivent être très-réguliers , surtout quand ils sont des-
tinés à servir de modèles. C'est alors que l'on doit avoir
recours au dessin graphique, c'est-à-dire au dessin qui se
fait avec la *règle*, l'*équerre*, le *compas* et le *rapporteur*.
Nous allons donc indiquer l'usage de ces instruments pour
la construction des figures les plus simples et les plus
ordinaires ; toutes les autres ne sont que des combinaisons
plus ou moins compliquées de celles-ci , et l'on parviendra
assez facilement à les construire si l'on a bien saisi les détails
de la méthode que nous allons donner. En effet, tout se
réduit presque toujours à tracer des lignes droites suivant
des directions données ; à élever ou à abaisser des perpendiculaires par des points connus ; à mener des parallèles ; à faire
des angles égaux ou de différentes grandeurs ; à construire des

figures égales ou semblables à d'autres, et des figures symétriques. Ainsi, quand nous aurons résolu ces questions
particulières, nous aurons rempli la tâche que nous nous
sommes proposée.

63. C'est avec la règle que l'on *trace toutes les lignes
droites*, quelles que soient leurs directions ; nous avons
indiqué, n° 56, les précautions qu'il faut prendre.

64. Nous avons vu, au 8° Ex. (*fig.* 48), la manière de
tracer des parallèles avec la règle et l'équerre ; le même
moyen est employé pour mener des perpendiculaires à une
ligne donnée ; en effet, l'équerre étant placée comme le
montre la figure 48, l'arête KP est perpendiculaire sur la
ligne *ab*, et toutes les lignes telles que RS , TU , que l'on
tracera suivant cette arête, seront des perpendiculaires à
ab, ainsi pour mener des perpendiculaires à une ligne
donnée *ab* par des points donnés R, U, il faut placer la
règle suivant *ab* et faire glisser l'équerre IKP le long de
cette règle jusqu'à ce que son arête KP vienne couvrir les
points K, U, et en tirant alors les lignes RS , TU , on aura
les perpendiculaires demandées.

Le rapporteur (*fig.* 54) peut très-bien, dans cette opération, être substitué à l'équerre, car l'angle CAD est aussi
un angle droit comme IPK de l'équerre (*fig.* 48)*.

---

* Voici encore un autre procédé pour mener une perpendiculaire à une
ligne ; il est fondé directement sur les principes de la géométrie, il n'exige
que la règle et le compas , qui sont les deux instruments les plus exacts, et
par conséquent il offre plus de certitude que les deux autres ; nous le recommandons à l'attention du maître.

Soit le point A (*fig.* 56) par lequel il faut élever une perpendiculaire sur
CD , on prendra AF = AC , puis des points C , F comme centres de cercles,
et avec une ouverture de compas plus grande que AC , on décrira deux petits

65. *Faire au point* A *, sur la ligne* AB *, un angle de* 45° *, de* 30° *, de* 20° *, etc. , etc.* (fig. 55).

Après avoir placé le diamètre CD du rapporteur suivant la ligne AB, de manière que son centre coïncide avec le point donné A, on marquera des points sur les rayons qui correspondent aux nombres 45 , 30 , 20 , etc. , qui se trouvent sur la circonférence du *limbe* du rapporteur, et en joignant ces points avec le point A, on aura les angles demandés.

On voit qu'avec cet instrument on peut faire des angles d'un nombre de degrés quelconques, c'est là son principal usage.

66. *Diviser une ligne en deux parties égales.*

Le moyen que nous avons proposé dans la note précédente est très-exact, mais comme il est un peu compliqué, on se contente dans la pratique du suivant :

Soit la ligne PQ (*fig.* 58) à partager en deux parties égales, on prendra d'abord une partie P*n* égale à peu près à la moitié de PQ, puis on portera cette partie de Q en *m*, et il ne restera plus qu'à partager en deux la petite ligne *mn*, ce qui sera plus facile, et le milieu A de *mn* sera aussi le milieu de PQ.

Pour diviser une ligne en 4, 8, 16... parties égales, il

arcs *mn* , *pq* qui se couperont en O , et la ligne AO sera la perpendiculaire demandée.

Si le point A (*fig.* 57) par lequel il faut mener la perpendiculaire, était donné hors de la ligne CD, il faudrait, de ce point, comme centre et avec une ouverture de compas suffisamment grande, décrire un arc qui coupe la ligne CD en deux points F, G, et de ces points, comme dans le cas précédent, décrire deux petits arcs *mn*, *pq*, qui se couperont en O, et AO sera perpendiculaire *sur le milieu* de FG.

AO (*fig.* 55) était déjà perpendiculaire *sur le milieu* de FC, d'où l'on voit que ce procédé donne aussi le moyen de diviser très-exactement une ligne en deux parties égales.

est évident qu'il suffit de la diviser d'abord en deux, puis chaque moitié successivement en deux, en quatre, etc., parties égales.

67. *Partager une ligne en trois parties égales.*

On peut assez facilement résoudre cette question avec le compas et un petit nombre d'essais; mais nous allons faire connaître le véritable procédé graphique.

Pour partager la ligne MN (*fig.* 59) en trois parties égales, on tirera une autre ligne quelconque MO indéfinie; sur celle-ci on prendra trois parties égales Mp, pq, qr, valant chacune à peu près le tiers de MN, on joindra le dernier point r avec l'extrémité N, puis par les autres points p, q, on mènera des parallèles qB, pA à Nr (8e Ex.), et la ligne MN sera partagée en trois parties égales aux points A, B.

Si l'on avait voulu partager la ligne MN en cinq parties égales, il aurait fallu prendre cinq parties sur MO, et le reste de la construction serait le même que dans le cas précédent. Cette construction peut d'ailleurs convenir pour diviser une ligne en un nombre quelconque de parties égales.

68. Lorsque la ligne que l'on veut partager est très-petite, et le nombre des parties égales très-grand, le procédé que nous venons d'indiquer ne convient plus, et l'on doit avoir recours au suivant:

Soit la ligne AB (*fig.* 60) que l'on veut partager en dix parties égales.

Au point A on élèvera une perpendiculaire (*voy.* n° 64) indéfinie AO, sur laquelle on portera 10 fois AB ou dix parties égales quelconques, on joindra le le point O au point B, et par chacun des points a, c, e, g, i, l, n, p, r, on mènera des parallèles à AB (8e Ex). La dernière de ces parallèles rs sera la dixième partie de AB, pq en sera les $\frac{2}{10}$, no les $\frac{3}{10}$, lm les $\frac{4}{10}$..... et ab les $\frac{9}{10}$.

69. C'est sur ce principe qu'est fondée la construction de *l'échelle de proportion* (fig. 61) ; cette échelle, au moyen de laquelle on peut réduire une figure que l'on copie à des proportions quelconques.

Construction. Le rectangle CBED a 11 centimètres de longueur et 1 centimètre de hauteur, il est partagé en 11 parties égales par les parallèles AF, 11, 22..... etc. Les deux centimètres CA, CD ont été partagés chacun en 10 parties égales ou en 10 millimètres (n° 67) ; par chaque point de division de CD, on a mené des parallèles à CB, et par les points de division de CA des transversales telles que ID.

Maintenant si l'on compare le triangle CDI au triangle AOB (*fig.* 60), on comprendra que les petites parallèles comprises dans le triangle CDI représentent $\frac{1}{10}$, $\frac{2}{10}$, $\frac{3}{10}$, etc., de CI ou 1 dimillimètre, deux dimillimètres, 3 dimillimètres, etc.

Usage. Si l'on veut que les côtés de la figure que l'on trace sur le papier ne soient que la centième partie, par exemple, de ceux du terrain *, il est évident que dans ce cas 10 mètres seront représentés par 1 décimètre, 1 mètre par 1 centimètre, 1 décimètre par 1 millimètre, et 1 centimètre par 1 dimillimètre. Ainsi notre échelle donnera :

$$AB = 10 \text{ mètres} \qquad Ci = 1 \text{ décimètre.}$$
$$A1 = 1 \text{ mètre} \qquad Cp = 2 \text{ décim.}$$
$$A2 = 2 \text{ mètres} \qquad Cq = 3 \text{ décim.}$$
$$A3 = 3 \text{ mètres} \qquad q6 = 6 \text{ mètres } 7 \text{ décimètres.}$$
$$\dots\dots\dots\dots \qquad tv = 10 \text{ mètres } 77 \text{ décimètres}\,\text{**.}$$

* Quand les côtés de deux figures semblables sont entre eux comme 1 est à 100, leurs surfaces sont entre elles comme 1 est à 10,000 ; donc, dans ce cas, la surface de la figure construite sur le papier ne sera que la dimillième partie de celle du terrain.

**Le maître fera copier cette échelle plusieurs fois par ses élèves, et il leur en donnera diverses applications, en supposant successivement que AB = 10

70. *Faire un triangle égal à un triangle donné.*

Soit ABC (*fig.* 62) le triangle donné, je tire une ligne indéfinie EI, sur laquelle je prends EF = BC, puis du point E comme centre et avec une ouverture de compas égale à BA, je décris un petit arc de cercle ; du point F, avec un autre rayon égal à AC, je décris un autre arc qui coupera le premier en un point D ; je tire les lignes DE, DF, et le triangle DEF sera le triangle demandé.

Il est évident que la même construction servira pour faire un triangle équilatéral.

71. *Faire un polygone égal à un polygone donné* ABCDE (*fig.* 63).

Pour que deux polygones soient égaux, il faut et il suffit que les côtés et les angles soient égaux. Je prendrai donc FG = AB ; au point F je ferai, avec le rapporteur, un angle GFK égal à BAE, je prendrai FK = AE, au point K je ferai l'angle FKI = AED, je prendrai KI = ED, et en continuant de la même manière, il est évident que les deux polygones auront les côtés et les angles égaux, donc ils seront égaux.

72. Il existe, pour résoudre cette question, un autre procédé qui a quelque avantage sur le précédent, en ce qu'il n'exige pas l'emploi du rapporteur ; cet instrument étant peu exact dans la pratique, on doit éviter le plus posssible d'en faire usage. Ce second procédé repose sur ce principe que *deux polygones sont égaux lorsqu'ils sont formés d'un même nombre de triangles égaux et semblablement disposés.* Ainsi, je tire d'abord les diagonales EB, EC, qui partent

mètres, 20 mètres, 50 mètres, 80 mètres, 150 mètres, 200 mètres, etc., et pour chacun de ces cas les élèves formeront un tableau analogue à celui dont nous venons de donner une idée pour AB = 10^{mt}, ce sera un excellent exercice, et le véritable moyen de faire bien comprendre les avantages de cette échelle.

toutes d'un même point, et décomposent le polygone donné
en un certain nombre de triangles. Ensuite sur FG, que je
prends égal à AB, je construis (*voy.* n° 70) un triangle
GFK = BAE ; sur GK un autre triangle GKH = BEC, et
enfin sur KH le triangle HKI = CED, et l'ensemble de ces
trois triangles formera le polygone GFKIH = ABCDE.

Comme un polygone peut toujours se décomposer en
triangles, quel que soit le nombre de ses côtés, on voit que
cette méthode sera toujours applicable.

73. *Faire un carré sur une ligne donnée.*

Dès que l'on sait faire des angles droits (*voy.* n° 64), il
est très-facile de faire un carré sur une ligne donnée; il en
est de même du rectangle, ainsi nous pouvons nous dispenser
d'expliquer ces constructions.

74. *Faire un hexagone régulier sur une ligne donnée* AB
(*fig.* 64).

Sur le milieu de AB on élèvera une perpendiculaire indéfinie Cm, puis du point B comme centre avec une ouverture
de compas égale à AB, on décrira un petit arc qui coupera
la perpendiculaire en un point O. Ce point sera le centre
d'une circonférence AMB, que l'on décrira avec le même
rayon OB; on portera la longueur AB six sur cette circonférence, ce qui donnera les points C, D, E, F, et en les
joignant par des lignes droites, on aura l'hexagone demandé.

75. *Faire un octogone régulier sur une ligne donnée* AB
(*fig.* 65).

Nous avons vu, page 12, n° 21, que chaque angle de l'octogone régulier valait $\frac{1}{2}$ d'angle droit, ou un angle droit et
demi, il s'agit donc de faire au point A un angle égal à trois
moitiés d'angle droit. Pour cela je prolonge la ligne AB
d'une quantité quelconque AE, au point A j'élève la perpendiculaire AL = AE, et du point A j'abaisse AC perpendi-

culaire sur LE, et, sur cette ligne, je prends AC = AB; l'angle CAB vaudra $\frac{1}{2}$ d'angle droit, et AC sera le second côté de l'octogone. Maintenant, sur les milieux de AC, AB, j'élève les perpendiculaires IO, DO, qui se rencontreront en un point O, et de ce point comme centre, avec OA pour rayon, je décris une circonférence qui passera par les points B, A, C. Il ne reste plus qu'à porter six fois encore la ligne AB sur cette circonférence, et on aura l'octogone demandé ABFG HKPC.

Cette construction serait plus simple en faisant usage du rapporteur, car il suffirait de faire au point A sur la ligne AB l'angle BAC = $\frac{1}{2}$ d'angle droit ou 135°, prendre AC=AB, et l'on aurait déjà un second côté de l'octogone, on trouverait ensuite les autres côtés CP, PK, etc., de la même manière ; mais, encore une fois, il est bon d'éviter l'emploi du rapporteur, et d'ailleurs la construction précédente sera un bon exercice pour les élèves.

76. *Décrire une circonférence qui passe par trois points donnés* A, B, C, *non en ligne droite* (fig. 66).

On joindra ces trois points par des lignes droites AB, BC, sur le milieu de chacune on élèvera des perpendiculaires DO, EO, et le point O, où elles se rencontreront, sera le centre du cercle cherché, on le décrira en prenant AO pour rayon.

77. *Trouver le centre d'un cercle donné.*

Si ABCM (*fig.* 66) est le cercle donné, on prendra sur sa circonférence trois points quelconques A, B, C, on les joindra par les cordes AB, BC, sur le milieu desquelles on élèvera les perpendiculaires DO, EO, et le point O sera le centre demandé.

On trouverait le centre d'un arc absolument de la même manière.

78. *Mener une tangente à un cercle donné* PCM (fig 67).

Lorsque le point de contact C est donné, le problème se réduit à mener par ce point une perpendiculaire au rayon. OC (*voy*. 25ᵉ Ex.)

Mais si l'on donne seulement le point B, par lequel doit passer la tangente, on fera usage de la construction suivante : on joindra le point O au point donné B, et du point D, milieu de OB, avec un rayon égal à OD, on décrira une circonférence qui coupera la première en deux points C, E, qui seront des points de contact, et en les joignant avec le point B, on aura deux tangentes BA, BF, qui satisferont à la question ; ces deux tangentes sont d'ailleurs égales.

79. *Inscrire un pentagone régulier dans un cercle donné* (fig. 68).

Du point B comme centre et avec le rayon OB du cercle donné, je décris l'arc COD, je tire la corde CD qui me donne le point I; de ce point avec EI pour rayon, je décris encore l'arc EF, et l'ouverture EF portée cinq fois sur la circonférence déterminera le pentagone régulier inscrit.

80. *Dessiner une ellipse.*

Soit AB (*fig*. 69) la longueur que doit avoir l'ellipse, du point O, milieu de cette ligne, j'élève une perpendiculaire CD égale à la largeur de l'ellipse, et de manière que CO=OD. Du point C comme centre et avec une ouverture de compas égale à AO, demi-grand axe, je décris un arc qui coupe AB en deux points F, F', qui seront les foyers. A ces deux points je fixe deux épingles autour desquelles je passe un bout de fil noué par ses deux extrémités, et dont la longueur soit égale à AB + FF', ensuite je tends ce fil au moyen d'une pointe de crayon, de manière à lui faire prendre la position FMF', et en faisant glisser le crayon tout le long du fil, j'aurai décrit d'un seul trait l'ellipse AMCBD.

Les épingles peuvent être fixées, pour plus de facilité, sur une petite règle de bois bien mince.

Ce procédé très-simple et très-exact est surtout employé pour tracer des ellipses plus en grand, sur le bois ou sur le terrain ; dans ce cas, on remplace les épingles par des clous ou des piquets, et le fil par un cordeau.

81. *Autre procédé.* Après avoir placé les axes AB, CD (*fig.* 70), comme dans le cas précédent, je marque sur une règle quelconque EG, ou mieux sur un morceau de papier plié, une partie *mb* égale au demi-grand axe AO, et *ma* égale au demi-petit axe CO, en sorte que *ab* sera la différence de ces deux moitiés d'axe. Je donne ensuite à cette règle de papier toutes les positions possibles, de manière cependant que le point *a* soit toujours sur l'axe AB en a, a', a'', etc., et le point *b* sur l'axe CD en b, b', b'', etc., et à chacune de ces positions, le point *m* indiquera un des points de la courbe, ou marquera tous ces points m, m', m''..... c, d, e, f, g, etc., et en les joignant par une ligne continue on aura une ellipse très-régulière.

Plusieurs personnes croient décrire des ellipses avec des arcs de cercles combinés de différentes manières, mais toutes les courbes auxquelles elles parviennent par ce moyen sont celles que l'on appelle ordinairement *anse de panier*, et elles sont bien loin d'avoir le contour gracieux des véritables ellipses.

DES FIGURES SEMBLABLES.

82. Souvent une petite figure doit être la représentation exacte d'une plus grande ; c'est ainsi que l'on parvient à représenter sur une feuille de papier le *plan* d'une machine, d'un meuble, d'une maison, d'une propriété..... Pour cela,

il faut que la petite figure qu'on appelle LE PLAN *, contienne autant de côtés que la grande ; que ces côtés soient disposés dans le même ordre, qu'ils aient tous entre eux le même rapport, et enfin que les angles de l'une des figures soient égaux respectivement aux angles de l'autre ;* alors on leur donne le nom de *figures semblables★.*

Ainsi, la petite figure *abcde* (*fig.* 71) sera semblable à la figure ABCDE si les côtés étant disposés dans le même ordre, chaque côté de la petite est la moitié, par exemple, du côté correspondant de la grande et si les angles a, b, c, d, e, sont égaux respectivement aux angles A, B, C, D, E.

83. Les figures semblables jouissent aussi d'une propriété qui peut servir à leur construction ; c'est qu'elles sont décomposables en un même nombre de triangles semblables et semblablement disposés. On voit, par exemple, que les deux figures 71 sont composées chacune de trois triangles semblables et que ces triangles sont disposés dans le même ordre.

84. Pour que deux triangles soient semblables, il suffit d'une des deux conditions que nous venons d'indiquer pour les figures en général ; c'est-à-dire que deux *triangles seront semblables quand les angles seront égaux* ou *quand les côtés auront le même rapport entre eux.*

85. Nous allons, d'après ces principes, faire connaître deux méthodes qui servent à la construction des figures semblables.

1° *En faisant les angles égaux et les côtés dans le même rapport.*

Supposons qu'il s'agisse de construire un polygone sem-

★ On énonce plus simplement ces conditions en disant que dans les figures semblables, les angles sont égaux et les *côtés homologues* proportionnels.

On appelle côtés homologues ceux qui ont la même disposition dans les deux figures.

blable à ABCDE (*fig.* 71) et dont les côtés soient moitié. Je prends dans une direction quelconque $ae = \frac{1}{2}$ AE , au point a je fais l'angle eam = EAB , sur am je prends $ab = \frac{1}{2}$ AB, au point b je fais l'angle abn = ABC, sur bn je prends $bc = \frac{1}{2}$ BC..... et en continuant ainsi aux points c, d, je formerai le polygone $abcde$ semblable au polygone ABCDE.

86. Si l'on demandait que les côtés de la petite figure, au lieu d'être moitié de ceux de la grande, comme dans le cas précédent, en fussent $\frac{1}{3}$ ou $\frac{1}{4}$ ou $\frac{1}{5}$ ou $\frac{1}{10}$ ou $\frac{1}{10}$, etc., la marche serait absolument la même, seulement il faudrait, pour trouver les longueurs des côtés , avoir recours à l'échelle donnée n° 69. Dans le cas où ces côtés devraient être les $\frac{1}{10}$ de ceux de la figure donnée, voici comme on opèrerait : Il est évident que, dans ce cas, toutes les figures qui auront 1 mètre dans la grande figure, auront 3 décimètres dans la petite; que celles d'un décimètre dans la grande, auront 3 centimètres dans la petite, et qu'enfin celles d'un centimètre dans la grande auront 3 millimètres dans la petite, etc., d'où résulterait le tableau suivant :

1 mètre serait représenté par	3 décimètres.
2 *id.*	6 *id.*
3 *id.*	9 *id.*
4 *id.*	1^{mt}, 2
5 *id.*	1 , 5
6 *id.*	1 , 8
7 *id.*	2 , 1
8 *id.*	2 , 4
9 *id.*	2 , 7

Ce tableau suffira dans tous les cas, puisque, par le déplacement de la virgule , il peut aussi donner les valeurs représentatives des décimètres , des centimètres, etc.; par ex. : si l'une des lignes de la grande figure était égale à 1^{mt}, 38 , on trouverait sa correspondante en multipliant 1^{mt}, 38 par $\frac{1}{10}$, ce qui donne 0^{mt}, 414, et pour la construire il faudrait prendre d'abord 4 décimètres sur un mètre , puis y ajouter hi, qui, sur l'échelle (*fig.* 61), représente 14 millimètres.

Autre EXEMPLE. Soit 0^{mt}, 289 la valeur de la grande ligne, la petite sera représentée par 0^{mt}, 289 $\times$ $\frac{1}{10}$ ou par 0,0867 , et l'échelle donnera K*v* pour cette longueur.

87. 2° *Construire une figure semblable à une autre en la composant d'un même nombre de triangles semblables, et disposés dans le même ordre.*

Si les côtés de la seconde figure doivent être les $\frac{1}{10}$ de ceux de la première , je prendrai ab $=$ les $\frac{1}{10}$ de AB, au point b je ferai un angle $abc =$ ABC, et au point a un angle $bac =$ BAC, et le triangle abc sera déjà semblable au triangle ABC , car ils ont les trois angles égaux. Je ferai de même sur le côté ac le triangle acd semblable à ACD , et sur ad le triangle ade semblable à ADE , et le polygone $abcde$ sera semblable au polygone ABCDE.

On voit que ce procédé est applicable , comme le précédent, à tous les polygones possibles ; ainsi on est en état maintenant de copier une figure quelconque , puisqu'elle peut toujours se décomposer en triangles*.

88. Voici un autre moyen que l'on peut employer dans plusieurs circonstances avec avantage , pour réduire une figure suivant certaine proportion ; supposons que l'on veuille

---

* Les surfaces des figures semblables ne sont pas entre elles comme leurs côtés , mais comme les carrés de ces côtés, en sorte que si les côtés de l'une sont la moitié des côtés d'une autre, la surface en sera le quart. Si les côtés de la première étaient les $\frac{1}{10}$ de ceux de la seconde, la surface en serait les $\frac{1}{100}$; $\frac{1}{100}$ est le carré de la fraction $\frac{1}{10}$.

copier le vase (*fig.* 72) en le réduisant à des dimensions
moitié. Je construis autour de ce vase un rectangle quelconque ABCD, je partage sa base AB en 8 parties égales,
par exemple, et la hauteur AD en 7 (il n'est pas nécessaire
que les parties de la hauteur soient égales à celles de la base,
et le nombre de ces parties est tout-à-fait à volonté). Par
tous les points de division, je mène des parallèles de manière
à partager, dans ce cas, le rectangle en 56 petits rectangles
qui seront tous égaux entre eux. Je construis ensuite un
autre rectangle *abcd*, dont les dimensions seront la moitié
de celles du précédent ; je partage encore sa base en 8 parties
égales et sa hauteur en 7, et en menant les parallèles comme
ci-dessus, le second rectangle sera aussi partagé en 56 petits
rectangles ; il ne reste plus qu'à dessiner dans chacun de
ces petits rectangles ce qui est contenu dans le rectangle
correspondant du grand rectangle ABCD, et l'ensemble de
ces petits dessins sera une copie exacte du vase donné.

89. Pour ménager le dessin que l'on veut copier, on peut
remplacer le rectangle ABCD par un petit chassis divisé en
carrés ou en rectangles par des fils de soie noirs. Avec un
chassis de ce genre, mais plus grand, on peut dessiner des
objets d'après nature, tels qu'un arbre, une maison et même
un paysage entier.

FIGURES SYMÉTRIQUES.

90. Nos deux mains sont parfaitement égales dans toutes
leurs parties, mais comme ces parties sont disposées dans un
ordre inverse, les unes de droite à gauche, les autres de
gauche à droite, il serait impossible d'appliquer les deux
mains l'une sur l'autre de manière à ce que toutes les parties
de l'une touchassent les parties semblables de l'autre. On dit

alorsque les deux mains sont égales *par symétrie*, il en est de même des deux yeux, des deux oreilles, etc. L'image d'un corps placé devant une glace est aussi une figure symétrique de ce corps ; toutes les parties en sont égales, mais elles ne pourraient être *superposées*, car la droite correspond à la gauche et la gauche à la droite. On peut remarquer de plus, dans ce dernier cas, que deux points semblables de l'image et de l'objet sont placés à égale distance de la glace, l'un derrière et l'autre devant, et que ces deux points sont situés sur une même perpendiculaire au plan de la glace*. Cette propriété a toujours lieu pour tous les corps symétriques, et elle en est le véritable caractère. En considérant les deux mains, par exemple, il est évident qu'on pourra toujours les mettre dans une position telle qu'en faisant passer un plan entre elles deux, et à égales distances de l'une et de l'autre, elles soient placées de la même manière par rapport à ce plan, et que ce plan sera placé lui-même comme l'était la glace dont nous parlions tout-à-l'heure, et qu'alors l'une des mains pourra être considérée comme l'image de l'autre.

D'après tout cela, on comprendra facilement que l'on doit regarder comme figures symétriques, les deux branches d'un compas, d'une paire de ciseaux, d'une paire de pincettes, etc.

Les deux plateaux d'une balance ordinaire, deux vases ou deux candelabres placés de la même manière sur une cheminée, sur un autel, etc., les colonnes d'un temple, les deux ailes d'un château, etc., sont des figures symétriques ; une infinité d'autres objets que l'on trouvera dans les décorations de nos appartements, dans les ouvrages de fer, de bois,

---

* C'est ce que démontre la physique avec le secours de la géométrie.

de plâtre, etc., sont aussi symétriques ; enfin presque tous nos meubles, nos vêtements, sont formés de parties symétriques. Cette qualité est recherchée dans presque tous les arts, parce qu'elle produit un effet agréable à la vue.

91. Souvent on peut concevoir un même corps partagé par un plan, en deux parties symétriques l'une de l'autre ; c'est ce qui aurait lieu si l'on faisait passer un plan par le centre d'une sphère, par l'axe d'un cylindre, d'un cône, et en général de tous les corps faits sur le tour.

En coupant d'une certaine manière un cube, un parallélipipède, un prisme, une pyramide et un grand nombre d'objets que l'on rencontre dans l'architecture, dans l'ornement et même dans l'usage le plus ordinaire, tels qu'un chapeau, un panier, des lunettes, etc., etc., on obtiendrait encore des parties symétriques.

92. Des surfaces peuvent aussi être symétriques l'une de l'autre, mais si elles sont placées sur un même plan au lieu d'être symétriques par rapport à un plan, elles le sont alors par rapport à une ligne. Ainsi les deux parties d'un cercle sont symétriques par rapport à un diamètre, celles d'un carré, d'un losange par rapport à une diagonale, celles d'une ellipse par rapport à un de ses axes, ou à toute autre ligne passant par le centre, etc., etc.

Non seulement on recherche les figures symétriques, mais on tâche encore de placer tous les objets symétriquement ; c'est ce que l'on voit dans nos appartements pour nos meubles, pour les portes, les cheminées, les fenêtres, etc. Les Français observent la symétrie dans leurs jardins, les Anglais l'évitent.

93. Une figure plane quelconque étant donnée, on pourra toujours, d'après les principes que nous avons posés, construire une autre figure symétrique de la première par rapport

à une ligne déterminée ; car il suffira pour cela d'abaisser sur cette dernière ligne des perpendiculaires de tous les points saillants de la figure donnée, de prolonger ces perpendiculaires jusqu'à ce qu'elles soient égales de part et d'autre de la ligne donnée, et ensuite joindre leurs extrémités par des lignes continues.

94. Ex. 1er. *On demande une ligne symétrique de* AB *par rapport à* MN (*fig.* 73).

Des points A et B, j'abaisse les perpendiculaires Ap, Bq, sur MN, et je les prolonge jusqu'à ce que pA' $= p$A et qB' $= q$B, je joins les points A', B', et la ligne A'B' sera la symétrique de AB.

95. Ex. 2°. *Construire, par rapport à la ligne* MN, *une figure symétrique de* MAN (fig. 74), MA, AN *étant des arcs de cercles.*

On commencera par déterminer les centres c, d (voy. n° 77) des deux arcs ; de ces centres on abaissera les perpendiculaires cc', dd' sur MN, de manière à avoir cM $=$ Mc' et dN $=$ Nd', puis des points c', d', et avec des ouvertures de compas égales à c'M, d'N, on décrira les deux arcs MA', A'N dont l'ensemble formera la figure symétrique demandée.

96. Ex. 3e. *Décrire une figure symétrique de* AIBOCDE *par rapport à la ligne* MN (*fig.* 75).

De tous les points saillants et rentrants A, I, B, O... etc., j'abaisse, comme dans le premier cas, des perpendiculaires sur MN, et je détermine les points A', I', B', O'..., etc., et en joignant tous ces points par une ligne continue, j'aurai la figure symétrique demandée. On voit que la réunion de ces deux courbes forme un beau vase. Cet exemple indique la méthode qu'il faudra suivre pour dessiner beaucoup d'autres vases, et en général tous les meubles dont la forme est symétrique.

Les solides symétriques pourront se construire par des procédés analogues, mais nous n'en parlerons pas ici.

CONSTRUCTION DES PRINCIPALES FIGURES QUI REPRÉSENTENT DES SOLIDES.

97. Ex. 1er. *Construire une pyramide triangulaire.*

On tracera d'abord le triangle ABC (*pl. III, fig.* 33), puis d'un point S, pris hors de ce triangle, on tirera les lignes SA, SB, SC, et la pyramide sera construite.

Si la pyramide devait être quadrangulaire, pentagonale, etc., au lieu d'un triangle, on tracerait un quadrilatère, un pentagone, etc., et le reste de la construction serait le même que dans le cas précédent.

Si, de plus, la pyramide devait être régulière, on ferait en sorte que la base, qui est toujours supposée horizontale, représentât à l'œil un triangle équilatéral, un carré, etc., et que la perpendiculaire qui donne la hauteur aboutît au centre de cette base.

On peut aussi, pour construire une pyramide quelconque, choisir d'abord le sommet S (*fig.* 34), tirer par ce point autant de lignes indéfinies SA, SB, SC..... que la pyramide doit avoir de faces latérales, puis mener les lignes AB, BC, CD...

98. Beaucoup d'élèves éprouvent d'abord de la difficulté à comprendre comment des lignes tracées sur un plan (papier, ardoise ou tableau noir) peuvent représenter des solides ayant longueur, largeur et hauteur; pour lever cette première difficulté, il sera nécessaire que le maître montre les solides eux-mêmes *, et qu'il trouve le moyen d'expliquer les

---

* On peut en faire avec du carton, du bois, du fil de fer ou de l'argile; une pomme de terre même peut servir à en faire plusieurs.

relations qui existent entre les lignes de l'objet et celles de l'image.

99. Ex. 2°. *Faire un prisme triangulaire.*

Après avoir tracé les deux triangles ABC, DEF (*fig.* 37), dont les côtés doivent être parallèles et dirigés dans le même sens, on joindra leurs sommets par les lignes AD, BE, CF, et le prisme sera construit.

On peut aussi commencer par tirer ces parallèles, faire un triangle ABC dont les sommets soient sur ces trois lignes, et par un point D de l'une des arêtes, mener DF parallèle à AC, FE parallèle à BC, et joindre les points D, E.

Ces deux constructions conviennent, quel que soit le nombre des faces du prisme demandé, elles serviront donc, pour le parallépipède (*fig.* 38), et le cube (*fig.* 39).

100. Si l'on partage tous les côtés d'un cube en deux parties égales et que, par les points de division *abcd*, *efgh*, *iklm*. on mène trois plans comme on le voit dans la figure 76, le cube total se trouvera partagé en huit petits cubes égaux entre eux, tels que *apksqonf*, car il sera décomposé en deux tranches de quatre cubes chacune. D'où l'on voit que le cube construit sur une ligne double d'une autre, est huit fois plus grand que celui qui est construit sur la première. Si l'on partageait les côtés du cube en trois parties égales, ce qui permettrait de mener six plans tels que *abcd*, le cube serait partagé en 27 petits cubes, car il serait décomposé en trois tranches de neuf cubes chacune; et, l'on en conclurait que le cube construit sur une ligne triple est 27 fois plus grand. Enfin, si chaque côté était partagé en dix parties égales, et qu'on menât neuf plans, on aurait dix tranches de cent cubes chacune, ce qui donnerait en tout mille cubes. Cette dernière décomposition fait comprendre comment le *stère* coutient mille décimètres cubes ou mille *litres*, et le décimètre cube mille centimètres cubes.

101. Ex. 3°. *Faire un cylindre.*

Les bases d'un cylindre sont des cercles, mais des cercles vus en *perspective* prennent la forme d'ellipses ; on tracera donc deux ellipses DnF , CmG (*fig.* 43) égales et parallèles, à une certaine distance l'une de l'autre, et en tirant des lignes telles que DC, FG... qui joignent des points correspondants des deux bases, on aura la représentation d'un cylindre. Ce cylindre sera droit si la ligne AB ou l'axe du cylindre est perpendiculaire sur les bases ; dans le cas contraire, le cylindre sera oblique.

Lorsqu'on coupe un cylindre droit par un plan perpendilaire à l'axe, la section est un cercle égal et parallèle à celui des bases ; si le plan coupant RpS (*fig.* 43) est oblique à l'axe, la section sera une ellipse ; c'est de quoi l'on peut s'assurer en coupant obliquement une baguette ou un tuyau de plume. Dans ce cas, la partie RSCG porte le nom de *tronc de cylindre.*

102. Ex. 4°. *Faire un cône droit.*

La base de ce cône sera une ellipse DmC (*fig.* 44) ; du point B, centre de cette ellipse, on élèvera BA perpendiculaire au plan de la base et égale à la hauteur du cône, puis on tirera les lignes AD, AC aux extrémités du grand axe DC.

Si l'on coupait le cône ADC par un plan parallèle à la base, la section serait un cercle, et le cône se trouverait partagé en deux parties ; la supérieure serait un petit cône, et l'inférieure un *tronc de cône.*

Quand le plan coupant RpS est oblique à l'axe, la section est une ellipse.

103. Ex. 5°. *Dessiner une sphère.*

Une sphère est l'assemblage de plusieurs cercles, les uns grands, les autres petits (*fig.* 45 *et* 46). On décrira d'abord le grand cercle AFBG pour représenter la sphère et le diamètre AB pour l'axe; A, B seront les deux *pôles.* Pour décrire l'*équateur* FmG, grand cercle qui est à égale distance des deux pôles, on cherchera par tâtonnement au-delà des points A et B les centres des deux arcs qui le composent; on fera de même pour les petits cercles tels que *rps.* Quant aux cercles ADB (*fig.* 46) qui passent par les deux pôles, et qu'on appelle *méridiens,* on trouvera leurs centres sur le diamètre que l'on mènera perpendiculaire à AB.

104. Ex. 6ᵉ. *Former d'un seul morceau de carton chacun des cinq polyèdres réguliers.*

Nous avons recommandé de montrer souvent des figures solides aux élèves, et nous allons indiquer ici un moyen très-facile de construire quelques-unes de ces figures avec du carton; quand le maître l'aura expliqué, ou plutôt quand il l'aura exécuté devant ses élèves, ceux-ci pourront, à leur tour, s'en amuser.

Pour le *tétraèdre,* on tracera sur le carton le triangle équilatéral ABC (*fig.* 77), on partagera chacun de ses côtés en deux parties égales aux points *a, b, c,* et en joignant ces points par des droites *ab, bc, ac,* le grand triangle se trouvera décomposé en quatre petits triangles équilatéraux et égaux. On coupera le carton à moitié, suivant les lignes *ab, bc, ca,* de manière à pouvoir le plier facilement dans ces directions, et à réunir en un seul point les trois sommets A, B, C, et le tétraèdre (*fig.* 33) sera formé.

Pour que cette figure ne soit pas trop petite, il faudra donner au moins un décimètre de longueur à la ligne AB.

L'*octaèdre.* On tracera sur le carton huit triangles équilatéraux, comme on le voit dans la figure 78, on coupera le carton à moitié, suivant toutes les lignes intérieures, et on le pliera de manière à réunir en un seul sommet les trois points *a*, *b*, *c*, et en même temps on verra se rapprocher les points *d* et *h*, *e* et *g*, et l'on aura l'octaèdre (*fig.* 4o).

L'*Icosaèdre*. Il est formé de 20 triangles équilatéraux et égaux; on les tracera comme il est indiqué par la figure 79; et après avoir coupé le carton comme ci-dessus, on le pliera de manière à réunir le point *a* au point *b*, le point *c* au point *d*, tous les points *o* ensemble, ainsi que les points *n*, et l'on aura l'icosaèdre (*pl. III, fig.* 42).

L'*hexaèdre* ou cube est formé de six carrés égaux ; on les disposera en croix (*fig.* 8o), et en pliant le carton convenablement on obtiendra le solide représenté (*pl. III, fig.* 39); en donnant un décimètre de longueur à chacun des côtés de ces carrés, on obtiendra le décimètre cube ou la représentation du *litre*.

Le *Dodécaèdre*. Ce solide est formé des douze pentagones réguliers; après avoir tracé un premier pentagone en suivant la construction du n° 79, on groupera autour de lui cinq autres pentagones égaux, et l'on aura une moitié de la figure demandée, on tracera l'autre moitié de la même manière, en se servant de celle-ci pour modèle (*fig.* 81), ensuite on les réunira facilement de manière à former le solide (*pl. III, fig.* 41).

Le premier pentagone est réellement le seul qui présente quelque difficulté à construire, mais ensuite il peut servir de modèle à tous les autres.

On fera bien de recouvrir toutes ces figures en papier de couleur pour cacher les jointures des différents morceaux dont elles sont formées, et leur donner plus de solidité.

105. Il est évident qu'en suivant les procédés que nous venons d'indiquer pour les solides réguliers, on pourra construire en carton un grand nombre d'autres figures solides,

telles que des prismes, des cônes et des cylindres ; ce sera tout à la fois un amusement et un bon exercice pour les élèves.

APPLICATIONS.

TROISIÈME PARTIE.

106. Les figures géométriques servent de base aux dessins des machines, de l'ornement, des meubles, de la broderie, etc.; cependant ils s'en éloignent souvent et vont même jusqu'à la bizarrerie, mais presque toujours en observant les lois de la symétrie. Ces dessins sont extrêmement variés, tous les jours on en imagine de nouveaux, et il serait impossible d'en donner une idée bien complète ; nous nous contenterons d'en indiquer quelques-uns des plus remarquables, de ceux que l'on rencontre le plus ordinairement, et qui entrent dans la composition des autres ; ce sera suffisant pour rendre les élèves capables d'en copier d'autres plus compliqués, d'en faire quelques-uns d'après nature, et même d'en ima-

giner qu'ils n'auraient pas encore vus. La matière est immense, et un maître zélé et habile pourra très-facilement étendre et compléter ce que nous aurons dit, en dirigeant ses élèves vers les parties qui leur conviendront davantage. Nous allons donner successivement quelques dessins sur chacune d'elles.

DE L'ORNEMENT POUR DÉCORATION.

107. *Faire un cadran* (fig. 82).

Après avoir décrit les quatre cercles concentriques qui composent le cadran, on divisera l'un d'eux en six parties égales, en portant le rayon six fois sur sa circonférence (*voy. fig.* 52); on partagera chaque intervalle en deux parties égales, et l'on aura les douze points où doivent être marquées les heures. La distance d'une heure à une autre devra encore être partagée en cinq parties égales pour l'indication des minutes, et il ne restera plus qu'à dessiner les aiguilles qui sont des angles très-aigus reposant sur deux petites circonférences.

108. *Faire une étoile à cinq rayons et une autre à six.*

1° On décrira un pentagone régulier ABCDE (*voy.* n° 79, *fig.* 83), et en joignant les sommets de deux en deux comme l'indique la figure, on aura une étoile très-régulière à cinq rayons. On pourra supprimer le petit pentagone intérieur *abcde,* ou joindre chacun de ses sommets au centre, ce qui donnera des étoiles différentes.

2° Pour l'étoile à six rayons on décrira un hexagone régulier ABCDEF (*fig.* 84), puis on joindra les sommets de deux en deux, et de deux manières différentes, comme on le voit sur la figure, et l'on aura l'étoile demandée. On peut aussi varier cette étoile de plusieurs autres manières.

109. *Faire une croix d'honneur* (fig. 85).

Une croix d'honneur est formée de cinq branches disposées de telle manière que leur largeur est égale à la distance qui existe entre elles, c'est-à-dire que l'on a $AB = BC$, etc.; ainsi, après avoir décrit un *décagone* régulier (*voy. n°* 79) et deux petites circonférences intérieures concentriques, on mènera tous les diamètres, en supprimant les portions qui entreraient dans les petites circonférences, puis on tirera des lignes telles que AD, BI, etc., qui joignent des sommets de deux en deux, pour former les angles rentrants des cinq branches; on figurera des petites boucles aux extrémités des branches, on dessinera la couronne de laurier sur une circonférence *abc*, l'autre couronne en dehors du grand cercle, et on écrira dans les petits cercles la légende *honneur et patrie*.

110. *Faire une rosace* (fig. 86).

On peut faire des rosaces d'une infinité de manières différentes, et nous engageons les élèves à s'y exercer, à varier le nombre et la forme des feuilles; celle que nous donnons est assez agréable, mais présente quelques difficultés dans la construction, car étant composée de neuf feuilles, il faudra diviser une circonférence en neuf parties égales, ce qui ne peut avoir lieu que par tâtonnements. Pour opérer avec plus de régularité, on décrira quatre circonférences concentriques, les deux premières comprendront les feuilles de la grande rosace, et les deux dernières les feuilles de la petite rosace intérieure.

111. *Faire un guillochis simple* (fig. 78).

Cette figure, quoique simple, exige cependant quelques précautions; l'élève tracera d'abord au crayon dix lignes parallèles, comme on le voit à droite du guillochis, puis à partir de la troisième, il supprimera sur chacune d'elles les parties où doivent se trouver des blancs; il mènera, toujours avec la règle et l'équerre, les différentes petites lignes verticales qui se trouvent dans cette direction, et enfin repassera à l'encre en levant la plume aux endroits qui ont été supprimés.

112. *Faire un papillon* (fig. 88).

Cette figure n'est soumise à aucune règle géométrique ; ainsi l'élève s'appliquera seulement à conserver les contours et les distances.

113. *Faire une lyre* (fig. 89).

La lyre est un instrument de musique dont faisaient usage les anciens, et qui fait un fort bon effet dans les décorations. C'est une figure symétrique dont les contours sont très-gracieux. Les cinq cordes qui s'y trouvent sont attachées à deux barres transversales.

114. *Faire un trophée militaire* (fig. 90).

On appelle trophée l'assemblage de plusieurs objets qui ont quelque rapport entre eux et disposés de manière à produire un effet agréable. Dans le principe, les trophées étaient des monuments d'une victoire, et alors ils ne se composaient que d'armes : maintenant on donne aussi le nom de trophée ou emblêmes, à un assemblage d'instruments de musique, d'agriculture, de sciences, etc. Celui que nous donnons pour modèle ne renferme que des armes.

ORNEMENT POUR MEUBLES.

115. *Faire une raquette* (fig. 91).

Cette figure est symétrique par rapport à une ligne, ainsi l'élève tracera d'abord cette ligne, et dessinera ensuite les différentes parties qui se trouvent de chaque côté ; il en résultera plus de facilité et de régularité.

116. *Dessiner une saucière* (fig. 92).

Les différentes courbes dont se compose ce meuble sont très-agréables à l'œil, elles peuvent se rapporter à des arcs de cercles ou à des portions d'ellipses ; le pied est une ellipse entière.

117. *Dessiner un métier à broder* (fig. 93).

Pour bien dessiner ce métier, on tracera d'abord au crayon toutes les lignes parallèles *ab, cd, rq, st, op,* et les petites lignes *e*, *f*, *g*, *h*, aux extrémités des deux barres *ef, gh,* et pour satisfaire à la perspective, on mettra un peu plus de distance entre *e* et *g* qu'entre *f* et *h*, et entre *r* et *q* qu'entre *s* et *t*; on passera ensuite toutes ces lignes à l'encre, en supprimant toutes les parties de ces lignes qui sont cachées par d'autres, et qui par conséquent ne doivent pas être tracées.

118. *Dessiner un fauteuil* (fig. 94).

Ce fauteuil, par sa forme et ses ornements, est une imitation de l'antique; dans la position où il est représenté, la symétrie n'est point sensible, et la difficulté du dessin en deviendra plus grande.

119. *Dessiner un griffon* (fig. 95).

Cette figure, que l'on rencontre assez souvent dans les décorations des grands bâtiments, comme salles de spectacle, arcs de triomphe, etc., présente encore plus de difficultés que la précédente ; c'est pourquoi on ne devra la faire dessiner que par les élèves les plus exercés, et qui ont le mieux réussi dans les autres dessins.

BRODERIE.

120. Ce genre de dessin ne comporte guère la régularité et la précision des figures géométriques, la simple nature même s'y trouve rarement ; mais en revanche on y rencontre une abondante variété, des fantaisies agréables et des bizarreries qui produisent d'excellens effets, le goût est la seule règle que l'on suive. On brode sur toute espèce d'étoffe, sur la mousseline, le drap, le velour, etc., et sur chacune d'elles de plusieurs manières différentes ; il y a de la broderie au crochet, au plumetis, au passé, en application, etc., etc. : la tapisserie dont les dames font des fauteuils, des chaises, des tabourets, des tapis de pieds, etc., est encore une espèce de broderie, mais faite en points de marquette. On brode selon l'étoffe avec le coton, la soie nuancée, la laine, l'or et l'argent. On voit qu'il nous est impossible d'entrer dans tous les détails de ces différentes broderies, cela dépasserait de beaucoup les bornes de ce petit traité. Nous nous contenterons donc de donner quelques petits dessins de bon goût, et quand les élèves les auront copiés, la maîtresse leur en procurera d'autres plus compliqués, plus complets, et leur développera toute la théorie de la broderie, qu'elle connaît sans doute mieux que nous.

121. On dessinera d'abord les feuilles représentées par les figures 96, 97, 98, 99 et 100 ; on pourra ensuite les modifier, les combiner à volonté.

122. Les figures depuis 101 jusqu'à 109 inclusivement, représentent des bouquets détachés dont quelques-uns sont fort jolis ; les élèves pourront aussi les multiplier et les combiner entre eux de manière à produire des bordures, des guirlandes, etc.

123. Les élèves dessineront ensuite les modèles de bordures et de guirlandes figures 110, 111, 112, 113, 114 et 115, en les prolongeant un peu pour produire plus d'effet.

124. Les figures 116, 117, 118, 119, sont des dessins plus complets, les deux premiers peuvent servir pour des manchettes, le troisième pour un coin de fichu ; 119 est une espèce de panache.

125. Enfin, figure 120 est un chiffre comme les dames en font quelquefois dans les coins des mouchoirs de poche.

DESSIN DES MACHINES.

126. *Dessiner une charette suspendue* (fig. 121),

Le dessin de cette charette ne présente aucune difficulté, car il ne se compose que de lignes parallèles et de quatre circonférences concentriques pour représenter une roue. Mais il aura l'avantage de donner l'idée d'une machine simple, facile à construire et qui pourra être fort utile dans bien des circonstances.

Les élèves forts pourront ensuite dessiner des voitures plus compliquées et surtout plus ornées.

127. *Dessiner un baromètre* (fig. 122).

Cette figure représente un baromètre à cadran, on en voit souvent dans la décoration de nos appartements ; il se compose de lignes droites et de cercles concentriques ; les indications que l'on y voit en forme de légende présenteront seules quelques difficultés.

128. *Dessiner un pont suspendu* (fig. 123).

On voit maintenant en France un assez grand nombre de ponts suspendus, et la figure 123 peut en donner une idée suffisante. La ligne courbe *ced*, que l'on appelle *chaînette*, représente une corde de fil de fer s'appuyant sur les deux colonnes M, N ; à cette corde sont attachées d'autres cordes verticales *mn*, *pq*, *rs*... qui supportent le plancher du pont *ab*.

Les élèves feront bien de dessiner cette figure dans des dimensions plus grandes, afin de pouvoir donner plus de développements aux colonnes et aux détails du garde-fou ; nous faisons la même recommandation à l'égard de toutes les autres figures dont nous avons réduit les dimensions pour ménager la place.

129. *Dessiner la lampe à gaz* (fig. 124).

Cette lampe se compose de deux vases B, V, dont l'un B, muni d'un long col, pénètre dans l'autre V; zz' est un cylindre de zinc qui a la propriété de décomposer l'eau contenue dans V. Le gaz hydrogène qui résulte de cette décomposition s'élève dans la partie supérieure du vase où il est comprimé par la colonne d'eau que, par son élasticité, il a fait monter dans le vase B. En ouvrant le robinet r, le gaz s'échappe par une petite ouverture t, frappe un morceau d'éponge de platine p, qui rougit et enflamme le gaz; celui-ci à son tour allume la bougie c qui se trouve placée entre l'ouverture t et le platine p.

On peut donner aux deux vases B, V, les formes les plus élégantes.

130. *Dessiner un aérostat (ballon)* (fig. 125).

Le grand nombre de lignes plus ou moins courbes, qui se croisent dans cette figure, en complique un peu la construction; d'ailleurs, comme ces lignes doivent être tracées nettement, il sera bon d'employer la plume au lieu du crayon.

131. *Dessiner un tambour* (fig. 126).

Le tambour est un instrument militaire que la plupart des élèves dessineront avec plaisir; sans être très-difficile, il demande cependant quelques précautions; ainsi l'on fera bien de ne le tracer d'abord que légèrement au crayon et de n'employer l'encre qu'après toutes les corrections faites, c'est d'ailleurs ce que l'on doit faire pour toutes les figures qui présentent quelques difficultés. Les deux bases du tambour doivent être des ellipses dont l'une n'est visible qu'à moitié. Les cordeaux qui vont d'une base à l'autre sont très-faciles à faire : cependant il faut bien remarquer que celui du milieu seul est vu de face, les autres semblent fuir, et sont vus en perspective, il faut donc les rapprocher les uns des autres

Le tambour figure très-bien dans un trophée militaire.

132. *Dessiner le plan d'une maison* (fig. 127).

Pour lever le plan d'une maison (*fig.* 127), il faut d'abord parcourir les lieux et en faire un croquis où l'on représente chaque chose telle qu'elle paraît à l'œil, après quoi on mesure avec le mètre les différentes lignes qui composent chaque partie de l'édifice, et on inscrit leurs longueurs sur les lignes correspondantes du croquis; quand cette opération est terminée, on construit régulièrement le plan avec la règle, l'équerre et le rapporteur, en faisant usage de l'échelle de proportion n° 69.

Dans la figure 127, CD est la porte d'entrée, AC, BD les deux parties de la face; APON une écurie, EGFH une remise, GPQR une grande cour, QRST un second corps-de-logis, STX un jardin, etc.

Les personnes qui désireront plus de détails sur cette partie consulteront quelque traité d'arpentage.

133. *Dessiner une chambre obscure* (fig. 128).

Une chambre obscure est un instrument d'optique composé d'une caisse pyramidale *abcd*, dans laquelle, au moyen d'un verre lenticulaire et d'un miroir, les objets extérieurs viennent se peindre en petit, avec leurs véritables formes, leurs mouvements et des couleurs très-vives; c'est un spectacle superbe.

mn est le miroir, il recueille les rayons qui partent de tous les objets extérieurs, et les dirige sur la lentille *rs*, d'où ils sortent en convergeant, et sont ensuite reçus sur le plan *ab* placé à une distance convenable. C'est là qu'ils peuvent être facilement dessinés d'après nature, comme l'indique la figure de la jeune personne que l'on voit enfermée dans la caisse par un rideau *ik*[*].

MESURES DES LIGNES, DES SURFACES ET DES SOLIDES.

MESURE DES LIGNES.

134. Mesurer une quantité, c'est chercher combien de fois elle en contient une autre choisie pour unité. Cette unité doit être proportionnée aux grandeurs que l'on veut mesurer ; ainsi pour mesurer les grandes distances, on se sert de la lieue, du myriamètre, etc. Pour les plus petites du mètre, de la toise, du pied ; pour les très-petites, du centimètre, du millimètre, du pouce, de la ligne, etc. ; il en est de même pour la surface et les solides.

135. *Mesurer une ligne donnée* AB (fig. 129).

On portera le mètre sur cette ligne autant de fois qu'il sera possible ; je suppose qu'il y soit contenu 7 fois avec un reste CB, ce reste étant moindre que 1 mètre, on cherchera combien il contient de décimètres, soit 3 décimètres, et le reste DB ; ce reste DB pourra encore contenir un certain nombre de centimètres et de millimètres que l'on déterminera en y appliquant 1 mètre divisé en centimètres et en

---

[*] Si l'on trouve cette figure trop difficile, on pourra la supprimer.

millimètres. En réunissant toutes ces parties, on aura la mesure de la ligne AB en mètres et parties décimales du mètre. Il est évident qu'il faudrait suivre la même marche pour avoir la mesure de la même ligne en toises, pieds, pouces et lignes.

MESURE DES SURFACES.

136. L'unité de surface est le carré, dont le côté est égal à l'unité de longueur. Pour les anciennes mesures, c'est *la lieue carrée*, *la toise carrée*, *le pied carré*, etc.

Pour les nouvelles mesures, c'est l'*hectare* ou kilomètre carré, qui vaut 10,000 mètres carrés, l'*are* ou décamètre carré qui vaut 100 mètres carrés ; le *mètre carré*, le décimètre carré, le centimètre carré, etc.

137. *Mesurer la surface d'un carré* ABCD (fig. 130).

Si le côté AB de ce carré contient, par ex., six fois *mn*, unité de longueur, ou le côté du carré K que nous supposons être l'unité de surface, le carré ABCD sera représenté par 36 ; en effet, en divisant chaque côté en six parties égales et menant des parallèles telles que *po*, *rs*, etc., par les points de division, le carré sera partagé en six rectangles AB*op*, *posr*..... dont chacun contiendra six carrés égaux à K ; donc en tout il y en aura 36.

En faisant des constructions tout-à-fait semblables sur d'autres carrés, on verra que si leurs côtés contiennent 7, 8, 9, 10, etc., fois l'unité de longueur *mn*, leurs surfaces contiendront 49, 64, 81, 100, etc., fois le carré K, c'est-à-dire qu'elles vaudront 49, 64, 81, 100, etc. De là vient que les nombres 49, 64, 81, 100, etc., sont appelés les carrés de 7, 8, 9, 10, etc.

138. Si l'unité linéaire *mn* n'était pas contenue un nombre exact de fois dans le côté du carré que l'on veut mesurer, la surface de ce carré serait exprimée par un nombre fractionnaire; par exemple, si AB était égal à 6 *mn* $+\frac{1}{7}$ de *mn*, on obtiendrait la surface en multipliant ce nombre par lui-même, ce qui donnerait 43 unités et 56 centièmes; si *mn* est un mètre, ce sera 43 mètres carrés et 56 centièmes de mètre carré; mais un mètre carré vaut 100 décimètres carrés, et réciproquement un décimètre carré est la centième partie d'un mètre carré; donc 56 centièmes de mètre carré valent 56 décimètres carrés.

En continuant ce raisonnement, on trouverait qu'un mètre carré vaut 10,000 centimètres carrés, et que, par conséquent, chaque centimètre carré est la dimillième partie d'un mètre carré, etc.

Pour éviter ces fractions, on peut diviser le côté *mn* en parties assez petites pour que AB en contienne un nombre exact; alors la surface du carré ABCD sera exprimée par un nombre entier représentant des décimètres carrés, ou des centimètres carrés, ou des millimètres carrés, etc.

139. *Trouver la mesure d'un rectangle ABCD* (fig. 72).

Un rectangle peut, comme un carré, être décomposé en un certain nombre de petits carrés égaux chacun à l'unité de surface; il suffit pour cela de partager sa base et sa hauteur en parties égales à *pq*, qui est l'unité linéaire, ou en subdivisions assez petites de *pq*, et de mener par chaque point de division des lignes parallèles aux côtés du rectangle donné; si par exemple la base AB = 8 *pq*, et AD = 7 *pq*, on obtiendra 7 × 8 ou 56 carrés égaux au carré K. D'où l'on voit que, pour avoir la surface d'un rectangle, il faut multiplier l'un par l'autre les deux nombres qui indiquent combien de fois l'unité linéaire est contenue dans la base et la hauteur, ce que l'on exprime en disant que *la surface d'un rectangle est égale au produit de sa base par sa hauteur.*

140. *Trouver la mesure d'un parallélogramme* ABCD (fig. 18).

On démontre qu'un parallélogramme est équivalent à un rectangle de même base et de même hauteur; or, comme celui-ci a pour mesure sa base multipliée par sa hauteur, il s'en suit que le parallélogramme aura aussi pour mesure sa base multipliée par sa hauteur. Soit donc $DC = 3^{mt}, 8$ et BE $1^{mt}, 45$. Le produit de ces deux nombres 5^{m} carrés, 510 ou $5^{mc}, 51$ représentera la surface du parallélogramme ABCD. On énonce ce nombre en disant 5 mètres carrés et 51 centièmes de mètre carré ou 51 décimètres carrés (*voy.* n° 137).

141. *Trouver la mesure d'un triangle* ABC (fig. 17.)

Un triangle est toujours la moitié d'un parallélogramme qui a même base et même hauteur ; il aura donc pour mesure *la moitié des produits des nombres qui exprimeront combien d'unités linéaires comprennent la base et la hauteur, ou le produit d'un de ses nombres par la moitié de l'autre.* Soit $BC = 2^{mt}, 7$ et $AD = 3^{mt}, 08$, le produit de ces nombres ou le double de la surface du triangle sera $8^{mc}, 316$; donc la surface du triangle sera $4^{mc}, 158$, c'est-à-dire 4 mètres carrés et 158 millièmes de mètre carré ; mais nous avons vu (n° 138) que les centièmes de mètre carré sont des décimètres carrés, et que les dimillièmes de mètre carré sont des centimètres carrés ; d'où l'on voit que les millièmes de mètre carré sont compris entre les décimètres carrés et les centimètres carrés, il ne correspondent donc à aucun carré, c'est pourquoi, dans ce cas, on les transforme en dimillièmes en écrivant un zéro à leur droite, ainsi le nombre ci-dessus deviendra $4^{mc}, 1580$, que l'on pourra alors énoncer de cette manière : 4 mètres carrés, 15 décimètres carrés et 60 centimètres carrés.

142. *Trouver la mesure d'un trapèze* ABCD (fig. 17).

En tirant la diagonale BD on partagera le trapèze en deux triangles ABD., BCD. Le premier ABD aura pour mesure $\frac{1}{2}$ AD $\times$ DF (n° 141), le second BCD aura pour mesure $\frac{1}{2}$ BC $\times$ DF, dont la surface du trapèze, qui vaut les deux triangles, sera ($\frac{1}{2}$ BC $+ \frac{1}{2}$ AD) $\times$ DF, c'est-à-dire que *la surface d'un trapèze est égal au produit de la demi-somme des deux bases parallèles par la hauteur.*

Exemple. Soit BC $= 15^{mt}, 2$, AD $= 11^{mt}, 8$ et DF $= 10^{mt}, 5$ on aura $(7^{mt}, 6 + 5^{mt}, 9) \times 10^{mt}, 5$, ou $13^{mt}, 5 \times 10^{mt}, 5 = 141^{mc}, 75$; ainsi la surface du trapèze ABCD sera 141 mètres carrés et 75 décimètres carrés (*voy. n° 138*).

143. *Trouver la surface d'un polygone quelconque* ABCDE (fig. 71).

Un polygone quelconque peut toujours être décomposé en un certain nombre de triangles par des diagonales; ainsi, en calculant séparément la surface de chaque triangle, et en faisant la somme, on aura la surface du polygone. Dans le cas actuel, le polygone proposé peut se partager en trois triangles ABC, ACD, ACE par les diagonales AC, AD.

144. Si le polygone dont on demande la mesure est régulier (*fig.* 23 et 26), il est évident qu'il pourra être décomposé en autant de triangles qu'il y a de côtés dans le polygone, en joignant chacun de ses sommets au centre du cercle circonscrit, et que de plus tous ces triangles seront égaux entre eux, car ils auront tous même base et même hauteur; il suffira donc, dans ce cas, de calculer la surface de l'un d'eux, et de la répéter autant de fois qu'il y a de triangles ou de côtés dans le polygone; ce qui revient à dire que *la surface d'un polygone régulier est égale à son contour multiplié par la perpendiculaire abaissée du centre sur un côté ;* cette perpendiculaire s'appelle *apothème.*

Quelquefois la décomposition d'un polygone peut donner lieu à des carrés, des rectangles, des parallélogrammes et des trapèzes, alors on évalue directement la surface de chacune de ces figures, et on ajoute leur somme à celle des triangles pour avoir la surface totale. La figure 131 en offre un exemple ; en effet, pour évaluer la surface de ce polygone, on tracera d'abord une ligne telle que OG, et de tous les points saillants on abaissera des perpendiculaires sur cette ligne, on formera ainsi différentes figures dont on cherchera séparément la surface, d'après les principes que nous avons posés plus haut. AO*a* est un triangle ; AB*ba* sera un carré si AB $=$ *ab* et A*a* $=$ B*b* ; BC*cb* est un trapèze ; CD*dc* un rectangle si CD est parallèle à *cd*, etc. ; OML*k* sera un parallélogramme si ML est parallèle à O*k* et K*k* à MO ; les autres figures sont encore des trapèzes ou des triangles.

145. *Trouver la surface d'un cercle* (fig. 27).

Un cercle peut être considéré comme un polygone d'un nombre infini de côtés, et par conséquent on peut considérer sa surface comme composée d'une infinité de triangles dont chacun aura pour base un point de la circonférence, et pour hauteur ou *apothème* le rayon lui-même ; d'où il suit que *la surface d'un cercle est égale à sa circonférence multipliée par la moitié de son rayon.*

146. La circonférence d'un cercle quelconque se trouve en multipliant son rayon par la fraction ordinaire $\frac{22}{7}$, ou mieux par la fraction décimale 3,1415926, la première de ces fractions étant un peu trop grande et la seconde un peu trop petite.

Ainsi le rayon d'un cercle étant 10 mètres, sa circonférence sera, d'après la fraction ordinaire, $\frac{220}{7}=31^{mt},429$, ou, d'après la fraction décimale, $31^{mt},415926$; on voit que ces valeurs ne sont l'une et l'autre que des approximations; mais elles suffisent généralement dans la pratique. On ne prend même ordinairement que les deux premiers chiffres 41 de la fraction décimale.

MESURE DES SOLIDES.

147. L'unité de solidité est le *cube*, dont chaque côté est égal à l'unité linéaire. Cette unité linéaire est une toise, un pié, un pouce ou une ligne; un mètre, un décimètre, un centimètre ou un millimètre, etc., selon la grandeur du corps dont on veut avoir la mesure.

148. *Trouver la solidité d'un cube donné* (fig. 76).

Nous avons vu, n° 100, que si l'arête d'un cube contient 2, 3..... 10 fois celle d'un autre cube, la solidité du premier vaudra 8, 27..... 1000 fois celle du second. D'après cela on voit que la question proposée se réduit à trouver combien de fois l'unité linéaire est contenue dans l'arête du cube donné, et de multiplier ce nombre deux fois par lui-même, c'est-à-dire d'en faire le *cube arithmétique*, car les nombres 8, 27, 44, 125, 216, 343, 512, 729 et 1000 que l'on obtient ainsi sont dits les *cubes* des nombres 1, 2, 3, 4, 5, 6, 7, 8, 9 et 10.

149. Si l'unité linéaire n'est pas contenue un nombre exact de fois dans l'arête du cube donné, on aura un nombre fractionnaire ou un nombre décimal que l'on multipliera également deux fois par lui-même, mais il ne faudra pas oublier qu'il y a 1000 décimètres cubes dans un mètre cube; 1000 centimètres cubes dans un décimètre cube, ou 1,000,000 dans le mètre cube, etc., et que par conséquent les trois premiers

chiffres décimaux du résultat expriment des décimètres cubes, et les trois suivants des centimètres cubes, etc.

150. *Trouver la mesure d'un parallélipipède rectangle.*

Partageons d'abord ce parallélipipède en autant de tranches que sa hauteur contient de fois l'unité linéaire, et cherchons combien de fois la base d'une de ces tranches contient la base du cube pris pour unité ; ce dernier nombre indiquera combien chaque tranche contient de petits cubes, et en le multipliant par le nombre des tranches on aura le nombre total de petits cubes contenus dans le parallélipipède, c'est-à-dire la mesure de ce solide ; or, on voit que ce calcul revient à faire le produit des trois nombres qui indiquent combien de fois l'unité linéaire est contenue dans trois arêtes qui aboutissent à un même sommet, et ce que l'on énonce en disant que *la solidité d'un parallélipipède rectangle est égale au produit de ses trois dimensions*, ou, ce qui revient au même, *au produit de sa base par sa hauteur.*

151. *Trouver la solidité d'un parallélipipède quelconque* (fig. 38).

La solidité d'un parallélipipède quelconque est égale à un parallélipipède rectangle qui a une base équivalente et même hauteur ; donc elle se calculera de la même manière, c'est-à-dire *en multipliant sa base par sa hauteur.*

152. *Trouver la solidité d'un prisme triangulaire* (fig. 37).

Un parallélipipède quelconque peut toujours se partager en deux prismes triangulaires équivalents, et réciproquement, un prisme triangulaire est toujours la moitié d'un parallélipipède qui aurait même hauteur et une base double. Donc sa mesure sera la moitié de celle du parallélipipède ; ainsi *la solidité d'un prisme triangulaire sera encore égale au produit de sa base par sa hauteur.*

153. *Trouver la solidité d'un prisme quelconque* (fig. 35 et 36).

Ce prisme peut se décomposer en autant de prismes triangulaires que l'on peut faire de triangles dans sa base, et comme chacun de ces prismes a pour mesure sa base multipliée par sa hauteur, il s'en suit que leur somme ou le *prisme total a pour mesure sa base multipliée par sa hauteur*.

154. *Trouver la mesure d'une pyramide triangulaire* (fig. 33).

On prouve qu'un prisme triangulaire est toujours équivalent à trois pyramides triangulaires équivalentes entre elles et ayant chacune même base et même hauteur que le prisme ; donc réciproquement une pyramide triangulaire sera toujours le tiers d'un prisme de même base et de même hauteur ; donc enfin *la solidité d'une pyramide triangulaire a pour mesure le tiers du produit de sa base par sa hauteur*.

155. *Trouver la mesure d'une pyramide quelconque* (fig. 34).

Une pyramide quelconque peut se décomposer en autant de pyramides triangulaires que l'on peut faire de triangles dans sa base ; et comme chacune de ces pyramides a pour mesure sa base multipliée par le tiers de sa hauteur, il s'en suit que *la pyramide totale aura pour mesure la somme des bases partielles ou la base totale multipliée par le tiers de sa hauteur*.

156. Pour calculer la mesure d'un polyèdre quelconque, il faut le concevoir décomposé en un certain nombre de pyramides, calculer la mesure de chacune de ces pyramides et en faire la somme.

MESURE DES TROIS CORPS RONDS.

157. *Déterminer la mesure de la surface convexe d'un cylindre droit* (fig. 43).

Il est évident que si l'on pouvait dérouler cette surface, elle donnerait lieu à un rectangle qui aurait même hauteur que le cylindre, et pour base la circonférence CmG, mais un rectangle a pour mesure sa base multipliée par sa hauteur, donc *la surface convexe du cylindre aura pour mesure la circonférence de sa base multipliée par sa hauteur.*

158. *Déterminer la mesure de la solidité d'un cylindre droit* (fig. 43).

Un cylindre peut être considéré comme un prisme qui aurait pour bases des polygones d'un nombre infini de côtés, donc il aura même mesure que le prisme, c'est-à-dire, *la surface de sa base multipliée par sa hauteur.*

159. *Trouver la mesure de la surface convexe d'un cône droit* (fig. 44).

Si cette surface était développée, elle donnerait une portion de cercle, puisque le point A se trouve à égale distance de tous les points de la circonférence DmC. Or, de même que le cercle entier a pour mesure sa circonférence multipliée par la moitié du rayon, de même aussi une portion de cercle terminée par deux rayons, doit avoir pour mesure la portion de circonférence qui lui correspond, multipliée par la moitié du rayon ; donc, *la surface convexe du cône ADC aura pour mesure la circonférence DmC, multipliée par la moitié du côté AD.*

160. *Mesurer la solidité d'un cône droit ADC* (fig. 44).

Ce cône n'est autre chose qu'une pyramide qui aurait pour base un polygone d'un nombre infini de côtés ; d'où l'on concluera facilement que *la solidité d'un cône droit a pour mesure le produit de la surface du cercle qui lui sert de base par le tiers de sa hauteur.*

161. *Quelle est la mesure de la surface de la sphère* (fig. 45).

La mesure de la surface de la sphère est égale à la circonférence d'un grand cercle multipliée par un diamètre ; mais nous avons vu que la surface d'un cercle est égale à sa circonférence multipliée par moitié de son rayon, ou par le quart du diamètre ; par conséquent *la surface de la sphère vaut quatre grands cercles.*

EXEMPLE. On demande quelle sera la surface d'une sphère dont le rayon vaut 2 décimètres. La circonférence d'un cercle est égale au diamètre multiplié par $\frac{22}{7}$, ici elle sera donc 4 décim. $\times \frac{22}{7}$. La surface d'un cercle égale la circonférence multipliée par la moitié du rayon, on aura donc, dans le cas présent, 4 déc. $\times \frac{22}{7}$, $\times 1 = \frac{88}{7}$ pour la surface d'un grand cercle ; celle de quatre grands cercles ou celle de toute la sphère, sera par conséquent $\frac{88}{7} \times 4 = \frac{352}{7} = 50$ décimètres carrés et 2 septièmes.

162. *Trouver la solidité d'une sphère* (fig. 45).

En considérant la surface de la sphère comme composée d'une infinité de petites facettes, on pourra regarder chacune d'elles comme un plan qui sert de base à une pyramide ayant son sommet au centre de la sphère. L'ensemble de ces pyramides sera le volume même de la sphère. Or, la solidité de chacune de ces pyramides est égale à la surface de sa base multipliée par le tiers de sa hauteur, qui est, dans ce cas, le tiers du rayon ; donc, *la solidité de toute la sphère est égale à la somme de toutes les petites facettes ou à sa surface multipliée par le tiers du rayon.*

Exemple. Quelle est la solidité d'une sphère dont le rayon est 2 décimètres? Nous avons trouvé dans l'exemple précédent que la surface de cette sphère était 50 dé. carrés et $\frac{2}{7}$, reste donc à multiplier cette quantité par *un tiers*, c'est-à-dire à en prendre le tiers, ce qui donnera 16 décimètres cubes et $\frac{2}{7}$ à peu près.

163. Tous les principes que nous venons d'énoncer peuvent donner lieu à une infinité d'exemples et d'applications, cependant nous en avons donné fort peu, parce que nous ne regardons cette dernière partie que comme un accessoire de notre petit ouvrage ; mais nous engageons les maîtres à suppléer à ce que nous avons omis, quand ils rencontreront des élèves capables de les comprendre, et surtout quand cette matière pourra leur être utile ; dans ce cas, ils accompagneront toujours leurs explications de quelques figures, ils feront faire beaucoup de calculs, et enfin ils adresseront force questions aux élèves pour s'assurer qu'ils ont été compris.

164. Nous n'avons pas fait de questionnaire sur les exercices du dessin linéaire à vue, parce que les énoncés mêmes de ces exercices sont de véritables questions que le maître pourra adresser aux élèves, telles qu'elles sont posées, et dans ce cas, la réponse n'est autre chose que l'exécution même du tracé demandé ; ainsi, quand le maître dira : *Faites un rectangle*, l'élève, pour toute réponse, tracera un rectangle dont il a déjà donné la définition qui lui a été demandée dans les questions sur la première partie. Mais il n'en est pas de même pour le dessin graphique, car ici le tracé doit être accompagné d'une explication théorique qu'il sera bon de faire répéter plusieurs fois ; nous allons donc poser les questions qu'il conviendra d'adresser aux élèves sur cette partie, et nous recommandons toujours aux maîtres d'en changer souvent la forme, afin d'éviter la monotonie et la routine.

165. *Questions sur le dessin graphique.*

Comment peut-on tracer des *parallèles* et des *perpendiculaires* avec la règle et l'équerre ?.............. 38.

Le rapporteur peut-il aussi servir à tracer des perpendiculaires ?............................... *id.*

Quel procédé faut-il suivre pour faire un angle d'un nombre de degrés donnés ?................. 39.

FIN.

TABLE DES MATIÈRES.

ERRATA.

Page 26, ligne dernière, après le mot *compas*, lisez *fig.* 53.

Page 26, ligne 7, *au lieu de* (1^{mt}, 1), *lisez* (0^{mt}, 1).

Page 39, ligne 3, en remontant, *au lieu de* fig. 55, *lisez* fig. 56.

Page 41, ligne 7, en remontant, *au lieu de* 77 décimètres, *lisez* 77 centimètres.

Page 61, ligne 6, en remontant, *au lieu de* fig. 78, *lisez* fig. 87.

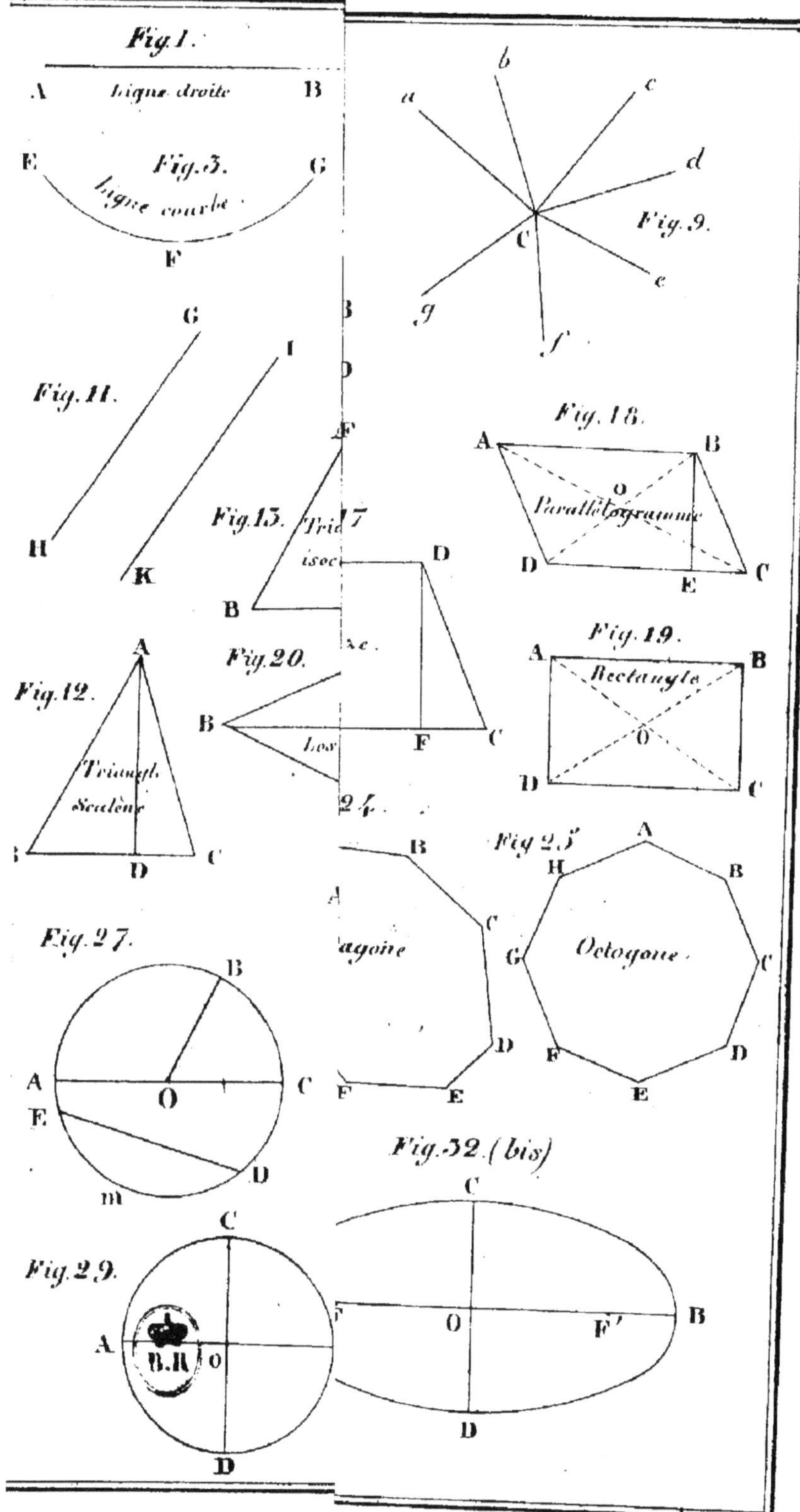

Fig. 1.
A   Ligne droite   B
Fig. 3.
E   G
Ligne courbe
F
Fig. 9.
a   b   c
d
C
e
g
f
Fig. 11.
G
I
H
K
Fig. 13.
Tri
isoc
B
Fig. 18.
A   B
O
Parallélogramme
D   E   C
Fig. 12.
A
Triangle
Scalène
B   D   C
Fig. 20.
Ac.
B
Los
F   C
Fig. 19.
A   Rectangle   B
O
D   C
24.
A
agone
B
C
G
D
F   E
Fig. 25.
A
H   B
Octogone
G   C
F   D
E
Fig. 27.
B
A   O   C
E
D
m
Fig. 29.
C
A   B.R   O   B
D
Fig. 32. (bis)
C
F   O   F'   B
D

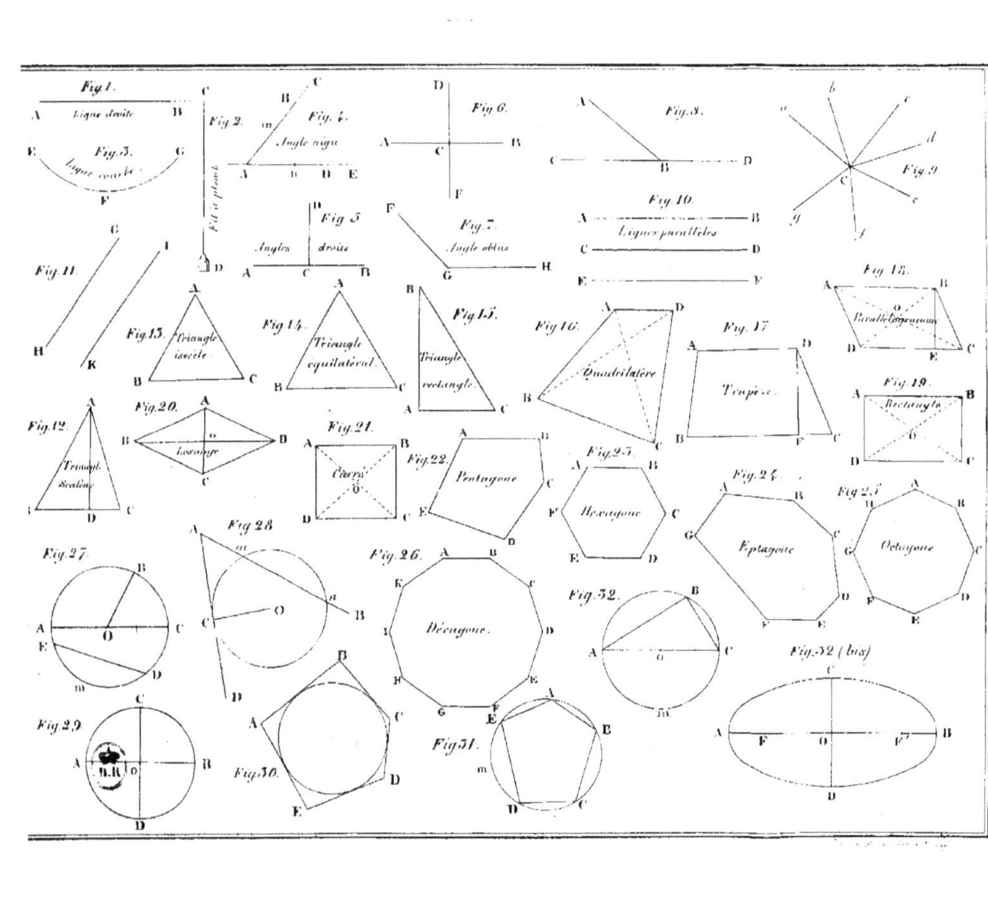

Fig. 1.
A   Ligne droite   B
Fig. 2.
Fig. 3.
E   Ligne courbe   G
Fig. 4.
Angle aigu
Fig. 6.
Fig. 8.
Fig. 9.
Fig. 5.
Angles droits
Fig. 7.
Angle obtus
Fig. 10.
Lignes parallèles
Fig. 11.
Fig. 13.
Triangle isocèle
Fig. 14.
Triangle équilatéral.
Fig. 15.
Triangle rectangle.
Fig. 16.
Quadrilatère
Fig. 17.
Trapèze.
Fig. 18.
Parallélogramme
Fig. 12.
Triangle Scalène
Fig. 20.
Losange
Fig. 21.
Carré
Fig. 19.
Rectangle
Fig. 22.
Pentagone
Fig. 23.
Hexagone
Fig. 24.
Eptagone
Fig. 25.
Octagone
Fig. 26.
Décagone.
Fig. 27.
Fig. 28.
Fig. 29.
Fig. 30.
Fig. 31.
Fig. 32.
Fig. 32 (bis)

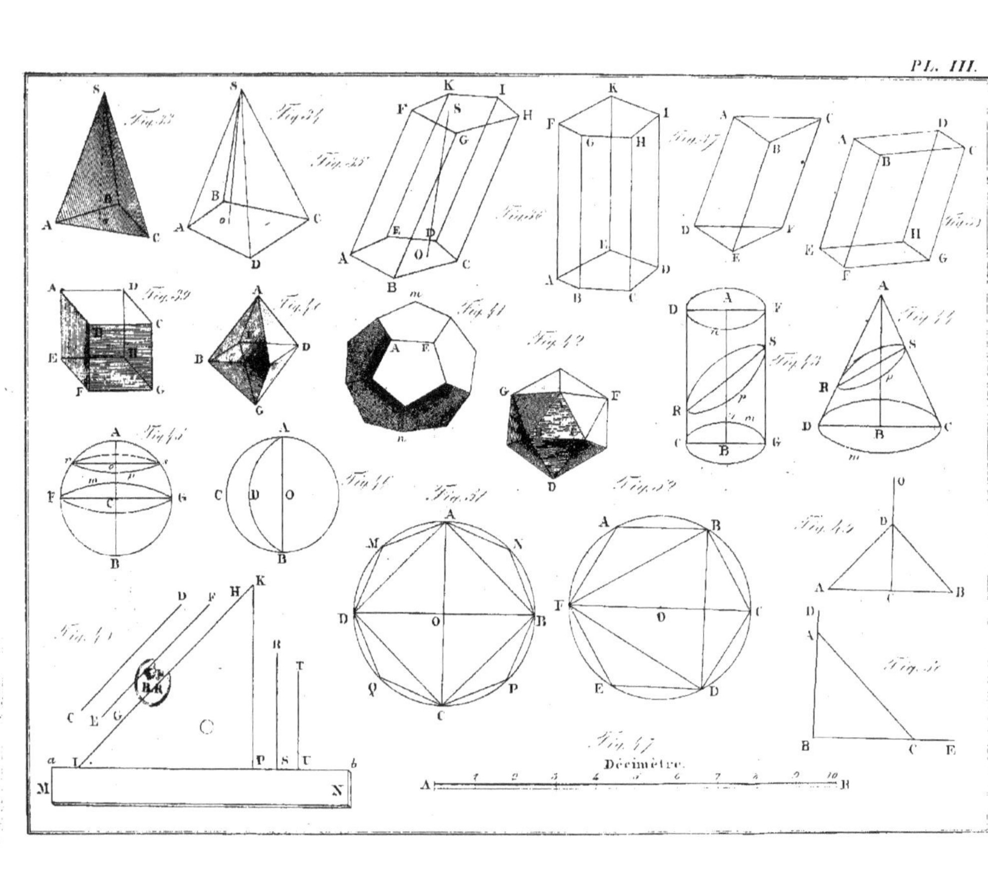
Décimètre.

Fig. 53
Fig. 54
Fig. 55
Fig. 57
Fig. 59
Fig. 62
Fig. 56
Fig. 58
Fig. 61
Fig. 63
Fig. 64
Fig. 65
Fig. 66
Fig. 68
Fig. 70
Fig. 69
Fig. 67

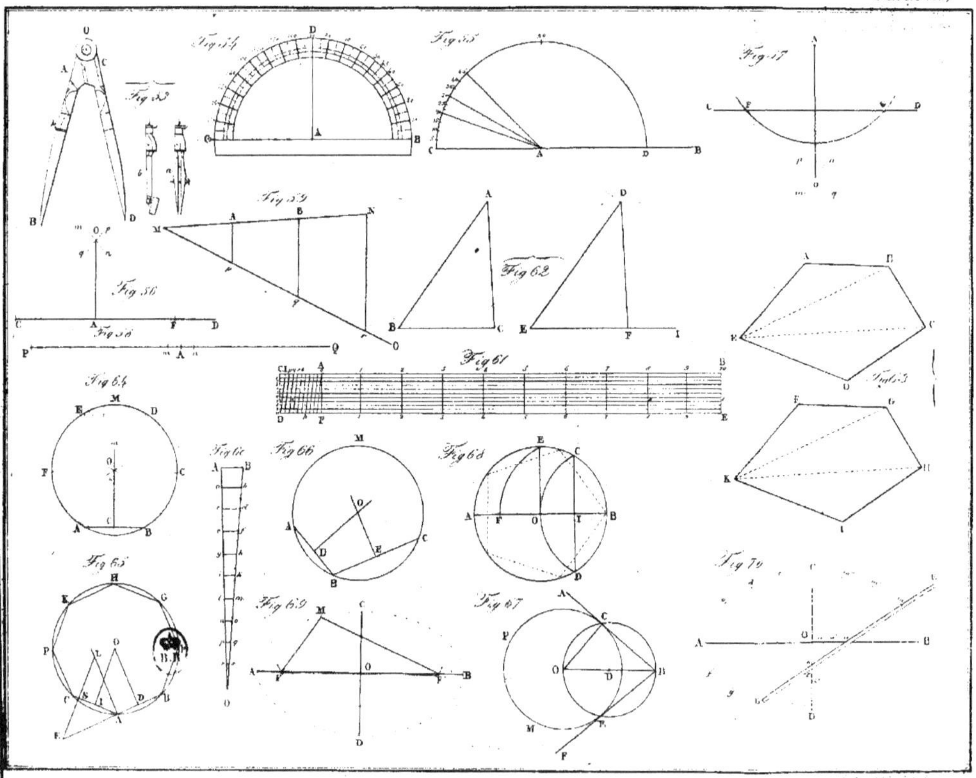

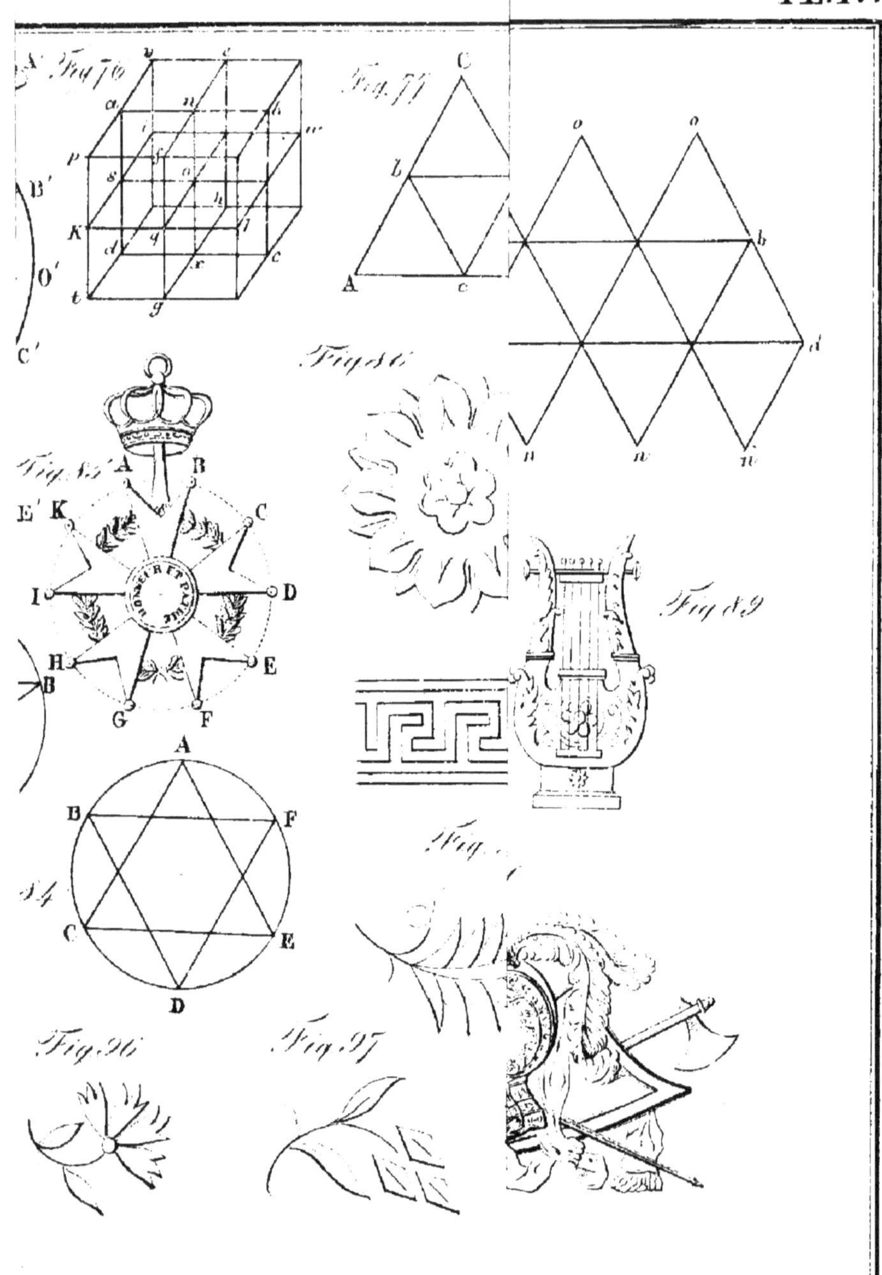

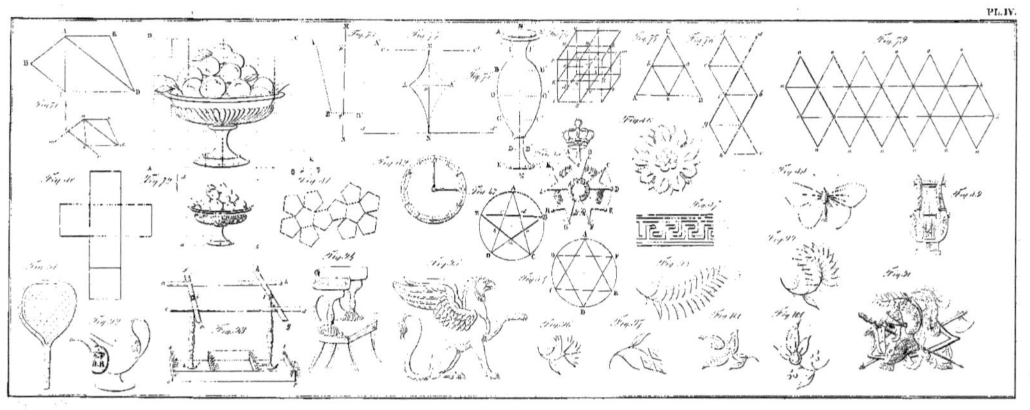

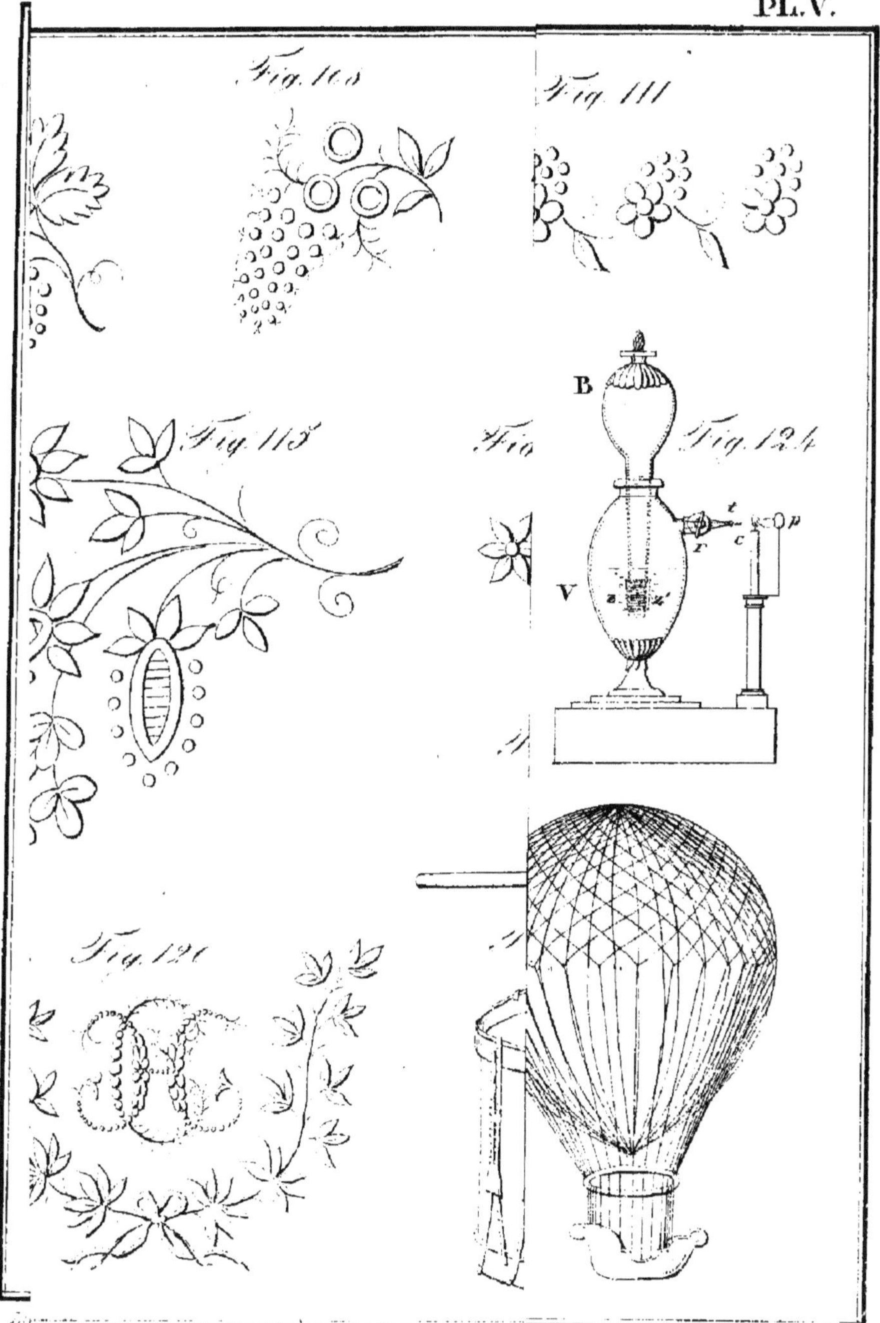

Fig. 108
Fig. 111
Fig. 115
Fig. 124
Fig. 120
B
V

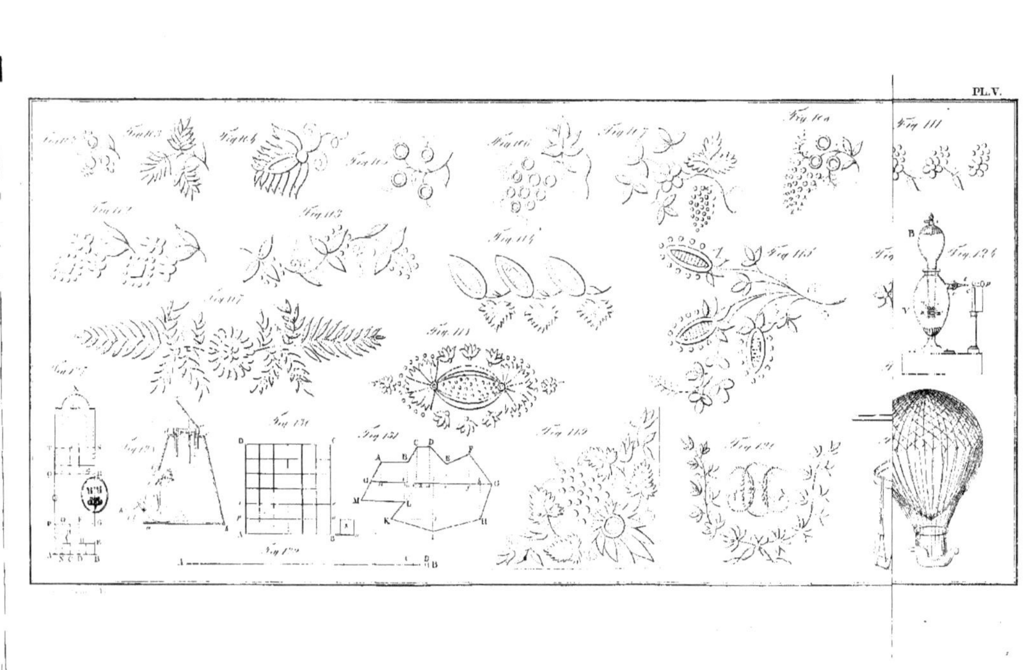